Wissenschaftliche Reihe Fahrzeugtechnik Universität Stuttgart

Reihe herausgegeben von

Michael Bargende, Stuttgart, Deutschland

Hans-Christian Reuss, Stuttgart, Deutschland

Jochen Wiedemann, Stuttgart, Deutschland

Das Institut für Fahrzeugtechnik Stuttgart (IFS) an der Universität Stuttgart erforscht, entwickelt, appliziert und erprobt, in enger Zusammenarbeit mit der Industrie, Elemente bzw. Technologien aus dem Bereich moderner Fahrzeugkonzepte. Das Institut gliedert sich in die drei Bereiche Kraftfahrwesen, Fahrzeugantriebe und Kraftfahrzeug-Mechatronik. Aufgabe dieser Bereiche ist die Ausarbeitung des Themengebietes im Prüfstandsbetrieb, in Theorie und Simulation. Schwerpunkte des Kraftfahrwesens sind hierbei die Aerodynamik, Akustik (NVH), Fahrdynamik und Fahrermodellierung, Leichtbau, Sicherheit, Kraftübertragung sowie Energie und Thermomanagement – auch in Verbindung mit hybriden und batterieelektrischen Fahrzeugkonzepten. Der Bereich Fahrzeugantriebe widmet sich den Themen Brennverfahrensentwicklung einschließlich Regelungs- und Steuerungskonzeptionen bei zugleich minimierten Emissionen, komplexe Abgasnachbehandlung, Aufladesysteme und -strategien, Hybridsysteme und Betriebsstrategien sowie mechanisch-akustischen Fragestellungen. Themen der Kraftfahrzeug-Mechatronik sind die Antriebsstrangregelung/Hybride, Elektromobilität, Bordnetz und Energiemanagement, Funktions- und Softwareentwicklung sowie Test und Diagnose. Die Erfüllung dieser Aufgaben wird prüfstandsseitig neben vielem anderen unterstützt durch 19 Motorenprüfstände, zwei Rollenprüfstände, einen 1:1-Fahrsimulator, einen Antriebsstrangprüfstand, einen Thermowindkanal sowie einen 1:1-Aeroakustikwindkanal. Die wissenschaftliche Reihe „Fahrzeugtechnik Universität Stuttgart" präsentiert über die am Institut entstandenen Promotionen die hervorragenden Arbeitsergebnisse der Forschungstätigkeiten am IFS.

Reihe herausgegeben von

Prof. Dr.-Ing. Michael Bargende
Lehrstuhl Fahrzeugantriebe
Institut für Fahrzeugtechnik Stuttgart
Universität Stuttgart
Stuttgart, Deutschland

Prof. Dr.-Ing. Hans-Christian Reuss
Lehrstuhl Kraftfahrzeugmechatronik
Institut für Fahrzeugtechnik Stuttgart
Universität Stuttgart
Stuttgart, Deutschland

Prof. Dr.-Ing. Jochen Wiedemann
Lehrstuhl Kraftfahrwesen
Institut für Fahrzeugtechnik Stuttgart
Universität Stuttgart
Stuttgart, Deutschland

Weitere Bände in der Reihe http://www.springer.com/series/13535

Florian Goy

Objektivierung der Fahrbarkeit im fahrdynamischen Grenzbereich von Rennfahrzeugen

Florian Goy
IFS, Fakultät 7, Lehrstuhl für
Kraftfahrwesen
Universität Stuttgart
Stuttgart, Deutschland

Zugl.: Dissertation Universität Stuttgart, 2020

D93

ISSN 2567-0042 ISSN 2567-0352 (electronic)
Wissenschaftliche Reihe Fahrzeugtechnik Universität Stuttgart
ISBN 978-3-658-36047-4 ISBN 978-3-658-36048-1 (eBook)
https://doi.org/10.1007/978-3-658-36048-1

Die Deutsche Nationalbibliothek verzeichnet diese Publikation in der Deutschen Nationalbibliografie; detaillierte bibliografische Daten sind im Internet über http://dnb.d-nb.de abrufbar.

Planung/Lektorat: Stefanie Eggert
Springer Vieweg ist ein Imprint der eingetragenen Gesellschaft Springer Fachmedien Wiesbaden GmbH und ist ein Teil von Springer Nature.
Die Anschrift der Gesellschaft ist: Abraham-Lincoln-Str. 46, 65189 Wiesbaden, Germany

Danksagung

Die vorliegende Dissertation entstand im Rahmen meiner Tätigkeit als wissenschaftlicher Mitarbeiter während eines dreijährigen Kooperationsprojekts zwischen dem Institut für Verbrennungsmotoren und Kraftfahrzeugtechnik der Universität Stuttgart und der Motorsportabteilung der Audi AG in Ingolstadt. Prof. Jochen Wiedemann übernahm zusammen mit Jens Neubeck und Werner Krantz die Betreuung seitens der Universität, bei der zu jeder Zeit die Tür bei Fragen und Problemen offenstand und immer wieder auch mal Diskussionen fernab des Motorsports für die nötige Abwechslung sorgten.

Die Technik und die daraus resultierende Leistungsfähigkeit von LMP1-Rennfahrzeugen ist neben den in der Arbeit dargestellten Aspekten sehr beeindruckend. Eine wissenschaftliche Arbeit in diesem Umfeld durchführen zu können, war eine Ehre und Herausforderung zugleich, die erst durch das Vertrauen vieler Kollegen bei Audi Motorsport möglich werden konnte. Joachim Hausner, Thomas Maulick, Timo Völkl, Gabriele Delli Colli, Martin Kalkofen und Alberto Zumbo möchte ich hier stellvertretend für viele weitere nennen. Die Motivation und der Innovationsdrang, den man in der Abteilung Versuch und Simulation Performance Gesamtfahrzeug jeden Tag aufs Neue erleben konnte, waren einmalige Erfahrungen, für die ich sehr dankbar bin.

Den Werksrennfahrern von Audi Sport danke ich für die vielen Stunden am Fahrsimulator und für die Beantwortung vieler Fragen zur speziellen Fahrdynamik von Rennfahrzeugen. Auch meiner Familie danke ich für den größtmöglichen Rückhalt und das unendliche Vertrauen.

Florian Goy

Inhaltsverzeichnis

Abbildungsverzeichnis

Tabellenverzeichnis

Abkürzungsverzeichnis

AB	aerodynamische Abtriebsverteilung
ABS	Antiblockiersystem
ART	konstruiertes Streckenszenario (engl. artificial track)
CoG	Schwerpunkt (engl. Center of Gravity)
CoP	Druckschwerpunkt (engl. Center of Pressure)
DOF	Freiheitsgrade (engl. degrees of freedom)
DTM	Deutsche Tourenwagen-Masters
eqs	Erweiterte Quasistatische Rundenzeitsimulation
F1	FIA Formula One World Championship
FAT	Forschungsvereinigung Automobiltechnik
FIA	Fédération Internationale de l'Automobile
GB	Gripverteilung
HDF	hohes Abtriebsniveau (engl. high downforce)
HS	hohe Geschwindigkeit (engl. high speed)
KYB	Schräglaufsteifigkeitsverteilung
LDF	niedriges Abtriebsniveau (engl. low downforce)
LMP1	Le Mans Prototyp
LS	niedrige Geschwindigkeit (engl. low speed)
LTS	Rundenzeitsimulation (engl. lap time simulation)
MMD	Milliken Moment Diagram
MPC	modellprädiktive Regelung (engl. model predictive control)
MTM	Minimum Time Maneuvering
NLP	Nichtlineare Programmierung
O/S	Übersteuern (engl. oversteer)
qs	Quasistatische Rundenzeitsimulation
SIL	Rennstrecke Silverstone GP
U/S	Untersteuern (engl. understeer)
WD	Gewichtsverteilung (engl. weight distribution)
WEC	FIA World Endurance Championship

Formelzeichen und Indizes

Formelzeichen	Einheit	Beschreibung
c_0^n	-	Schlupfsteifigkeitsüberhöhung
c_x, c_z	-	aerodynamische Koeffizienten
$c(t)$	-	Randbedingungsfunktion
f	-	Funktion
$r_{s,x}$	-	Längsschlupf
s^n	-	normierter Reifenschlupf
ρ_{air}	$\dfrac{kg}{m^3}$	Luftdichte
s	m	Weg/Distanz
v	$\dfrac{m}{s}$	Geschwindigkeit
A	m^2	projizierte Frontalfläche
C_F	-	Querkraftkoeffizient (MMD)
C_M	-	Giermomentenkoeffizient (MMD)
F	N	Kraft
I	kgm^2	Trägheitsmoment
M	Nm	Drehmoment
P	W	Leistung
a	$\dfrac{m}{s^2}$	Beschleunigung
k	$\dfrac{N}{rad}, \dfrac{Nm}{rad}$	Reifenschlupfsteifigkeit
m	kg	Masse

n	$\dfrac{1}{s^2}$	Giermomentenableitung
p	$\dfrac{N}{m^2}$	Druck
$para$	-	Parameter
r	-	Auslastung bzw. Verhältnis
t	s	Zeit
α	rad	Schräglaufwinkel
$\beta,\dot{\beta}$	$rad,\dfrac{rad}{s}$	Schwimmwinkel, -geschwindigkeit
γ	rad	Sturzwinkel
δ	rad	Lenkwinkel
θ	rad	Nickwinkel
κ	$\dfrac{1}{m}$	Krümmung der Fahrlinie
λ	-	Skalierungsfaktor
μ	-	Haftungskoeffizient
ϕ	rad	Wank- bzw. Rollwinkel
$\psi,\dot{\psi},\ddot{\psi}$	$rad,\dfrac{rad}{s},\dfrac{rad}{s^2}$	Gierwinkel, -geschwindigkeit, -beschleunigung

Index	Beschreibung
eqs	erweiterte quasistationäre Simulation
qs	quasistationär
ACC	Beschleunigungsphase
APX	Kurvenmitte
BRK	Bremsphase

FL	vorne links
FR	vorne rechts
RL	hinten links
RR	hinten rechts
TIN	Kurveneingang
aero	aerodynamisch
avg	durchschnittlich
brake	Bremssystem
calip	Bremssattel
diff	Achsdifferential
drv	Antriebssystem
eff	effektiv
ela	elastokinematisch
end	Endzustand
f	vorne
grad	Gradient
kin	kinematisch
lap	Runde
lock	Sperrwirkung
main	Hauptbremszylinder
max	maximal
min	minimal
pad	Bremsbelag
r	hinten
sat	Auslastung

stat	statisch
steer	Lenkung
theo	theoretisch
tire	Reifen
track	Strecke
traj	Trajektorie bzw. zeitlicher Verlauf
transm	Getriebe
tw	halbe Spurweite
veh	Fahrzeug
wheel	Rad
wb	halber Radstand
x, y, z	Längs-, Quer-, Vertikalrichtung

Zusammenfassung

Im professionellen Motorsport, wie z.B. der Formel 1, DTM oder WEC, ist die zur Verfügung stehende Zeit zum Erproben und Abstimmen der Fahrzeuge auf der Rennstrecke reglementbedingt stark eingeschränkt. Um ein wettbewerbsfähiges Gesamtfahrzeug entwickeln zu können, müssen alle performancerelevanten Fahrzeugeigenschaften bekannt und so aufeinander abgestimmt sein, dass der Fahrer in der Lage ist, mit dem Fahrzeug die niedrigsten Rundenzeiten zu erreichen.

Durch den stark eingeschränkten Testzeitraum muss die fahrdynamische Abstimmung der Fahrzeuge in einem effizienten Prozess erfolgen. Der Einsatz von virtuellen Methoden ist heute Stand der Technik und ermöglicht die Verlagerung in die frühen Entwicklungsphasen. Die Vorabstimmung der Fahrdynamik in der Simulation kann bisher allerdings nur so gut erfolgen, wie die Kenntnis des Gesamtsystems Fahrer-Fahrzeug ist. Sind zum Beispiel die Eigenschaften des Fahrers nicht genau bekannt, können fahrdynamische Eigenschaften nur unzureichend festgelegt werden und müssen in der Folge auf der Rennstrecke bewertet werden.

In dieser Arbeit wird eine Methodik entwickelt, um die Anforderungen und Toleranzgrenzen von professionellen Fahrern in diesen frühen Entwicklungsprozess einfließen zu lassen. Es werden Kriterien abgeleitet, die das Fahrzeug fahrdynamisch bis in den Grenzbereich charakterisieren. Außerdem erfolgt die Abfrage von Subjektivbewertungen mit einem Fragebogen, der für die Bewertung des Fahrzeuges für den gezielten Betrieb im Grenzbereich ausgelegt ist. So wird die Grundlage geschaffen, Zusammenhänge zwischen subjektiven Bewertungen und der objektiv erreichbaren Performance zu analysieren.

In Versuchen mit professionellen Rennfahrern am Fahrsimulator werden performance- und fahrdynamikrelevante Eigenschaften so verändert, dass die Bandbreite der Subjektivbewertungsskala ausgenutzt wird. Die Analyse dieser Daten zeigt den Zusammenhang zwischen erreichbarer Rundenzeit, objektiven Fahrdynamikkennwerten und Subjektivbewertung und ermöglicht das Festlegen fahrdynamisch sinnvoller Zielbereiche für das Gesamtfahrzeug. Damit leistet die Arbeit einen Beitrag zur Objektivierung der Fahrbarkeit im Grenzbereich und zur Anwendung relevanter Zusammenhänge im Entwicklungsprozess.

Abstract

Objectification of drivability in limit handling conditions of racing vehicles.

The main objective of racecar development is the minimization of lap time performance within the given technical boundary conditions of the respective racing series. Lap time can be considered as a holistic objective indicator characterizing the unique combination of vehicle, driver and track.

Vehicle properties like engine power, vehicle mass, tire/road grip or aerodynamic drag and downforce have a direct influence on the achievable lap time. In general lap time can be reduced if power, tire grip and aerodynamic downforce are increased, or vehicle mass and aerodynamic drag are reduced. Even though these relationships are well known, the utilization of the performance by a driver on a specific racetrack can be challenging to achieve. A more powerful vehicle needs possibly a different setup and balancing of properties than a vehicle with less engine power. The same is valid for different tire/road grip characteristics e.g., running on dry tarmac vs. a full wet track. Vehicle setup needs to get adjusted in a way, that full utilization of performance for a driver on the specific racetrack is possible and not difficult – the vehicle needs to feature a good drivability. The meaning of Drivability in the discussed handling related background means e.g. that the vehicle is controllable and stable up to the limits of tire grip and that the vehicle reaction is predictable and linear within the expected operational range. Setup adjustment and drivability optimization is in general performed during track testing sessions.

A major constraint is the restriction of time for track testing and vehicle setup optimization by regulations in top class motor racing like F1, DTM or WEC. Only several days per season e.g. during pre- or after-season testing are permitted. The remaining time for setup adjustments are only few runs during the race weekend in practice sessions. Converging to a well working setup for lap time and drivability in this short amount of time can be challenging, as many hundred lap time relevant vehicle setup properties need to result in human drivable system properties. They need to allow the driver to achieve fastest lap times continuously and build trust into the vehicle. The challenge gets even

bigger in endurance racing, where a vehicle needs to fulfill drivability require-
ments of more than one driver.

To develop a competitive vehicle and overcome the mentioned problems, the
setup optimization and selection process needs to be very efficient. Therefore,
virtual methods are used to provide prediction of target vehicle properties in
early development stages. Especially in terms of vehicle dynamics a setup prediction can only be done as precisely as the vehicle-driver system properties
are known. If there is a lack of understanding on driver acceptance levels, the
drivability assessment has unavoidably to take place at the real racetrack,
which makes it difficult to find the global optimum – as described above - and
therefore risks competitiveness.

Typically, the theoretical lap time performance is predicted by means of lap
time simulation methods. Vehicle, racetrack and driver need to be modelled as
close as possible to reality to achieve accurate results. As this is not straight-
forward and can get computationally heavy, simplifications are applied, e.g.
skipping the driver modelling by assuming the driver is capable to operate on
the limit performance envelope at any time. Quasi-steady-state (qss) methods
assume in addition a fixed ideal driving line and achieve by that high precision
and calculation efficiency, which are crucial elements in time restricted envi-
ronments like motorsports. Qss methods are calculating a sequence of equilib-
rium states in time assuming that the tire grip potential can be utilized at any
time if the vehicle acceleration is not limited by engine or braking power. From
predefined apex-points on the given driving line the resulting velocity profile
is determined by forward-integration of the acceleration phase and backward-
integration of the braking phase. The resulting velocity profile over distance
results from merging the braking, corner apex and acceleration velocity pro-
files along several corners until a full lap is completed. The calculation of lap
time is achieved by integrating velocity over distance between consecutive
crossings of the start/finish line.

A second known approach for lap time simulation is using optimal control
theory. In optimal control theory a control input to a dynamic system is
searched which minimizes an objective function describing for example the
desired states of the dynamic system during or at the end of a given timeframe
or maneuver. Transferred to lap time simulation the controls are driver inputs
like steering angle, throttle and brake position and the objective function is the

minimization of lap time with the boundary conditions that the vehicle stays always within the prescribed track limits. In comparison to qss methods, transient vehicle properties like yaw dynamics can be considered and the driving path does not need to be fixed. Many more applications of optimal control in the context of racing can be implemented more easily than in qss methods like e.g., the lap time optimal utilization of hybrid powertrain boost and recuperation or the most fuel-efficient controls to stay within the regulations if fuel amount is limited per lap or per race. Still the usage of optimal control, as lap time simulation method has some drawbacks like the lack of convergence robustness and high calculation demands even with moderately complex vehicle models.

In contrast, qss-methods can be extended to cover significant transient effects which are present in racing like wheel load dynamics (e.g. driving over curbs) and tire thermal behavior while maintaining precision and low calculation times. Furthermore, typical circuit racing with high aerodynamic & tire grip vehicles is featured by smooth & non–oscillatory driving style compared to low grip racing like e.g. Rallye on gravel or snow. Therefore, the advantage using an optimal control approach which takes into account the full transients of vehicle motion can be considered as low. Based on that, a state-of-the art qss lap time simulation software with enhanced transient modelling features serves as fundamental tool for the investigations in the presented work.

The research question of this thesis asks how drivability acceptance levels of professional racing drivers can be integrated into the entire virtual vehicle development and setup optimization process. As mentioned earlier, in lap time simulation it is usually assumed, that the vehicle is driven strictly on the limit, regardless of the dynamic properties like stability or understeer behavior. However, it is known, that human drivers are sensitive to dynamic properties of the vehicle and tend to drive more careful and therefore slower if there is a lack of trust or more generally if the drivability is not sufficient. Drivability is especially in the sections important, where the driver needs to control the car during grip limited conditions which are predominantly occurring close to corners while braking, passing the apex and finally accelerating out of the corner again. The - single - objective lap time does not provide a sufficient level of detail to analyze such cornering scenarios in regards of vehicle dynamic states and finally drivability. Therefore, it is necessary to define additional objective criteria which describe relevant limit handling properties of racing vehicles in more detail and increase the understanding of drivability based on simulation results.

The idea for additional objective criteria is based on the theory of lateral & yaw dynamics and the enhanced vehicle state information available from lap time simulation. If a vehicle is driven in near limit conditions, the utilization of tire grip potential can go up to 100%. A saturation of 100% means that no additional horizontal force is available to increase the longitudinal or lateral acceleration of the vehicle. A calculation is presented to derive axle-based saturation quantities from the available tire saturation quantities, which are a standard output of the custom tire model in use. Dependent on vehicle setup and driving conditions, the saturation of grip can be achieved first on the front or on the rear or on both axles. The principle of axle saturation is used to determine the grip limited balance of the vehicle which gives an indicator of how much potential need to be left on the respective axle during a specific cornering scenario to achieve a good drivability. It can be understood that a vehicle which reaches the rear axle saturation much earlier than the front will most probably be felt as too much oversteering and vice versa.

The second applied principle focuses on vehicle yaw dynamics. From the known vehicle state and tire saturation information it can be determined how much change in yaw moment is achieved by applying more steering or sideslip angle to the vehicle – according to the Milliken Moment Method. Yaw moment is an important quantity, as it determines yaw acceleration and finally yaw velocity, which is required to turn the vehicle along the heading of the track trajectory. By applying a steering angle, the driver controls how much yaw moment will be applied in order to follow the ideal driving line. Depending on the driving condition and axle/tire saturation state the local slip stiffness and by that the sensitivity of steering angle on yaw moment will vary. If the front axle is close to full saturation the local slip stiffness will reduce which means that an additional steering angle does not increase the yaw moment further and the vehicle tends to understeer. Calculating at the same time the sensitivity of sideslip angle on yaw moment will give an idea if the vehicle is stable and self-aligning or would be open loop instable depending on the difference between the front and rear axle local slip stiffness. The sensitivities are therefore denoted as yaw moment control and stability derivatives.

Both principles – axle saturation and yaw moment derivatives – are going to be calculated in relevant cornering scenarios for the given racing vehicles based on the output of a lap time simulation run.

The output data of a lap time simulation contains vehicle & tire quantities which are continuously calculated in every time step. For the calculation of the objectives, the lap is divided into single corners which are assumed to be relevant for drivability. The selection of corners to be analyzed can be supported by evaluating grip limited sections and further refined by the advice of a driver. A single cornering scenario is split into three sections: turn-entry, apex, and turn-exit, wherein the continuous postprocessed signals of saturation and yaw moment derivatives are averaged into single numbers. These corner-by-corner values are visualized by the example of a lap time simulation run on the Silverstone GP track. It can be shown that the objective values are subject to wide variations inside a single corner, which in consequence indicates that vehicle dynamic properties are changing continuously between braking into and accelerating out of the corner and are depending on velocity due to aerodynamic downforce properties of the vehicle. As practical experience shows that often only a specific part of the corner or track requires a tradeoff in vehicle setup gives a first indication that the selected objectives are meaningful.

Lap time simulation is compared to real on track driving not strictly linked to a real track profile. Therefore, a further possibility which improves efficiency of the method is the extraction of objectives based on an artificially shaped track profile. For conceptual development work this method can prove beneficial as it has less dependency on the characteristics of a single track and provides a computational lightweight possibility compared to the evaluation of all tracks together, which would additionally lead to a vast number of objective values. The artificial track profile can be shaped in a way to represent relevant cornering scenarios of existing race circuits. This concludes the objective part of methodology presented in the thesis.

As drivability is a subjectively based evaluation it needs to be checked in the next step whether an objectification can be achieved fully or partially with the proposed objective values. For a full verification of the methodology, it would have been required to perform this check with the real driver during track driving. Since track testing is restricted by regulations and thus extremely valuable for the teams it was decided to verify the methodology in an intermediate step with the help of a driving simulator. Driving simulators have evolved throughout the recent years for driver training and setup optimization in motorsports and have proven to be a valuable tool besides pure "offline" lap time simulation. They provide a laboratory-like environment as the vehicle and track model properties are exactly known compared to the real world, where track conditions are subject to continuous change. Another advantage is that the vehicle model which is used for lap time simulation can be used in an equivalent way in a driving simulator environment. By that it is possible to compare lap time and velocity profile between the human-controlled and the simulation-controlled vehicle model, and as well the previously introduced objective values of saturation and yaw dynamics. This objective-objective comparison is used to understand human acceptable vehicle saturation states in greater detail and to draw comparisons to vehicle saturation states, which are calculated by lap time simulation to achieve minimum lap times.

The Driving Simulator gives the possibility to gather subjective ratings from the driver to understand the drivability of the virtual racing vehicle on the virtual track model. Thus, a subjective evaluation questionnaire is presented, which aims for subjective rating of intended driving at the limit. The first part of the questionnaire asks on a bipolar rating scale about the perceived handling characteristics e.g. under- or oversteer in the different corner sections. The questions are matching the idea of the previously presented objectives closely and are therefore considered as quasiobjective evaluation. The second part of the questionnaire is focused on the subjectively perceived drivability itself and is rated with a unipolar scale. With that, there are three sources of data which can be used to understand drivability on an objective level: data and objectives which are output of the lap time simulation, data and objectives which are extracted from driving simulator runs with the real driver and subjective evaluations which are based on the questionnaire. To arrive at meaningful target ranges, a correlation analysis between these three sources of data needs to be performed. Lap time as most important performance criterion needs to be included in this analysis to exclude setups which feature a good drivability but result in poor lap time performance.

To validate the proposed methodology and find reasonable target ranges, experimental tests with professional racing drivers have been defined, where vehicle dynamic properties have been altered in a wide range, nearly capturing the width of the defined subjective rating scale. Analysis of recorded and simulated data shows the dependency between lap time, objective handling properties and subjective ratings and enable the definition of target levels, which result in a good drivability while maintaining minimum lap times. It turns out, that the comparison of lap time simulation and human driving data shows reasonable similarities, if the vehicle is rated subjectively with good drivability. If subjective drivability is rated worse, the gap between predicted lap time and human achievable lap time becomes bigger. Objective value target ranges which lead to good drivability can be determined for rear axle saturation, yaw moment controllability and stability.

Using the above-mentioned objective value target, a purely virtual setup optimization study for a hypothetically changed set of technical regulations was performed. The target vehicle was subject to changes on wheelbase, mass, and tire grip balance. The outcome of this study shows that theoretical optimum lap time is conflicting with the newly defined objective criteria for drivability. To setup the vehicle in an optimal way, a trade-off between objective drivability and theoretical lap time performance needs to be done. This is supported by the previously defined target ranges for axle saturation and yaw moment derivatives.

Thus, the presented work gives a novel contribution in the improvement of objectification of drivability in limit handling conditions and the application of a method to integrate in a professional racing vehicle development process. The verification of the proposed method for real vehicles as discussed in this paper still faces challenges to be solved, which requires subsequent research in the area. Especially the determination of the proposed objective criteria based on real vehicle measurements might be challenging due to the required tire local slip stiffness characteristics, which are subject to variations due to tire-road surface characteristics and further environmental conditions such as temperature. Furthermore, the implementation of driver-like features in lap time simulation methods are believed as promising enhancements for improved prediction quality especially in braking and turn-entry conditions.

1 Einleitung

1.1 Motivation

Der Motorsport dient neben den sportlichen Aspekten zur Demonstration und als Vorentwicklungslabor neuer Technologien, die später oft den Einzug in Serienfahrzeuge finden. Die technischen Aspekte der Rennfahrzeugentwicklung sind daher auch aus Sicht der Forschung von Interesse.

Rennfahrzeuge, wie der in Abbildung 1.1 dargestellte Langstreckenprototyp, werden mit dem Ziel entwickelt, im Wettbewerb gegen andere Fahrzeuge oder gegen die Zeit am schnellsten zu fahren. Sie müssen unter gegebenen Randbedingungen eine definierte Strecke in der minimalen Zeit durchfahren. Die Eigenschaften des Rennfahrzeuges müssen dabei so aufeinander abgestimmt sein, dass der menschliche Rennfahrer in der Lage ist, die niedrigsten Rundenzeiten kontinuierlich zu erreichen. Es stellt sich bis heute als Herausforderung dar, diese Ziele im Entwicklungsprozess schon möglichst früh einfließen zu lassen und Vorhersagen über das Rundenzeitpotenzial sowie die Fahrbarkeit im Grenzbereich zu treffen.

Abbildung 1.1:   Audi R18 – LMP1 Rennfahrzeug (2016) [2]

© Der/die Autor(en), exklusiv lizenziert durch
Springer Fachmedien Wiesbaden GmbH, ein Teil von Springer Nature 2021
F. Goy, *Objektivierung der Fahrbarkeit im fahrdynamischen Grenzbereich von Rennfahrzeugen*, Wissenschaftliche Reihe Fahrzeugtechnik Universität Stuttgart, https://doi.org/10.1007/978-3-658-36048-1_1

Das folgende Zitat von Milliken und Milliken aus Ihrem Buch: „Race Car Vehicle Dynamics" [1] fasst die Ziele der Rennfahrzeugentwicklung wie folgt zusammen:

"The ultimate objective of any race car testing and development program is to assist in winning races. This means fast qualifying and race lap times, satisfactory handling, and reliability. Test results can help set up the car in short time that is available for practice. For test purposes, the single number 'lap time' is not very much information, there are other measures of car performance that can be used to study the problem in greater detail."

Der Entwicklungsprozess von Rennfahrzeugen ist geprägt durch kurze Entwicklungszyklen und eine kontinuierliche Weiterentwicklung während der Einsatzzeit. Um im starken Wettbewerb konkurrenzfähig bleiben zu können, muss die Definition von fahrdynamisch- und performancerelevanten Fahrzeugeigenschaften effizient und in einer frühen Phase der Entwicklung erfolgen. Dabei ist die Verwendung von virtuellen Werkzeugen notwendig, da das physische Testen reglementbedingt eingeschränkt ist und der Aufbau von Prototypen teuer ist und lange dauert.

Die Rundenzeitsimulation stellt dabei das virtuelle Werkzeug zur Vorhersage der theoretisch minimalen Rundenzeit für eine gegebene Fahrzeug-Streckenkombination dar. Ob die durch den Fahrer erreichbare Rundenzeit mit der vorhergesagten übereinstimmt, hängt damit zusammen, ob das Fahrzeug bis in den fahrdynamischen Grenzbereich gut fahrbar ist. Die Bewertung der Fahrbarkeit kann bis heute nur mit dem physischen Test des Fahrzeuges auf der Rennstrecke oder am Fahrsimulator erfolgen.

Die Motivation für die vorliegende Arbeit liegt daher in der Entwicklung einer Methodik, die es ermöglicht, die Fahrbarkeit von Rennfahrzeugen im fahrdynamischen Grenzbereich besser vorherzusagen und damit zu objektivieren. Dies soll zu einem verbesserten Verständnis der Fahrer-Fahrzeugeigenschaften und durch die Erhöhung der Vorhersagegenauigkeit zu einer Effizienzsteigerung des gesamten Entwicklungsprozesses führen.

1.2 Zielsetzung

Die theoretisch berechnete Rundenzeit für die Variation von zwei Fahrzeugsetupgrößen wird in Abbildung 1.2 dargestellt. Die minimale Rundenzeit von 111,4s kann laut diesem Simulationsergebnis in einem großen Verstellbereich erreicht werden. Ohne weitere bekannte Einschränkungen muss die optimale Fahrzeugeinstellung auf experimentellem Wege gefunden werden, was allerdings viel Zeit in Anspruch nehmen würde. Für ein typisches Rennfahrzeug liegen zudem weit mehr als nur 2 Setupgrößen vor, die in annähernd optimaler Weise zueinander eingestellt werden müssen. Das Ziel der Arbeit liegt darin, den Bereich unter dem zusätzlichen Gesichtspunkt der Fahrbarkeit weiter einzuschränken, um die Vorhersagequalität zu verbessern und damit einen effizienteren Entwicklungsprozess zu erreichen.

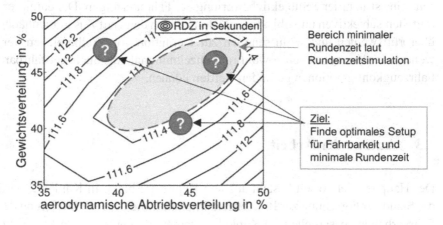

Abbildung 1.2: Bereich minimaler Rundenzeit für 2 Fahrzeugsetupgrößen (modifiziert von [3])

Dazu ist es notwendig, zunächst das Verständnis auf den Gebieten der objektiven und subjektiven Fahreigenschaftsbewertung, der Rundenzeit- bzw. Fahrdynamiksimulation und der Objektivierungsansätze aufzubauen. Daraus muss hervorgehen, ob sich bestehende Einzelteile der genannten Gebiete so miteinander kombinieren lassen, dass das Ziel einer gemeinsamen virtuellen Rundenzeit- und Fahrbarkeitsbewertung erreicht werden kann, bzw. welche

Schritte neu entwickelt werden müssen. Ein wesentliches Merkmal der Methode soll ein vergleichbarer Berechnungsaufwand zu den bestehenden Ansätzen sein. Das heißt, dass die Berechnungs- bzw. Optimierungszeit nur in der Größenordnung aktueller Methoden liegen darf, um die Anwendbarkeit sowohl für die Konzeptentwicklung als auch für den Rennstreckeneinsatz zu gewährleisten.

Wenn ein vielversprechender Ansatz formuliert wurde, ist das Ziel die dort gemachten Aussagen mit einer Versuchsreihe zu überprüfen. Das Ergebnis dieser Versuchsreihe muss zum einen die Frage beantworten, welche Unterschiede es zwischen realem Fahrer und Simulation gibt und wie sich unterschiedliche Fahrzeugkonfigurationen bzw. Fahrverhalten auf ebendiese Unterschiede auswirken. Dazu müssen einerseits Fahrzeugkonfigurationen mit einer realistischen Spreizung im Fahrverhalten definiert werden und andererseits eine strukturierte Subjektivbewertung der Fahrer erfolgen. Die daraus ermittelten subjektiven und objektiven Daten müssen dann auf Zusammenhänge überprüft werden und schlussendlich zur Definition von Zielbereichen verwendet werden, mit denen sowohl rundenzeitminimale als auch gut fahrbare Fahrzeugkonfigurationen gefunden werden können.

1.3   Aufbau der Arbeit

Der Hauptteil der Arbeit besteht aus den Kapiteln 2 bis 5. In Kapitel 2 wird der Stand der Forschung zur Rundenzeitsimulation und der Objektivierung des Fahrverhaltens besprochen. In Kapitel 3 werden die verwendeten Fahrzeugmodelle sowie die Rundenzeitsimulation und die benutzte Fahrsimulatorumgebung vorgestellt.

In Kapitel 4 wird die neu entwickelte Methodik zur Fahrbarkeitsbewertung vorgestellt und in Kapitel 5 exemplarisch angewendet. Dabei wird zuerst die Versuchsdurchführung beschrieben, die Analyse der Zusammenhänge von Subjektiv- und Objektivdaten erläutert und schließlich eine Übertragung auf ein weiteres Szenario mithilfe der festgelegten Zielbereiche vorgenommen.

2 Stand der Technik

Die Entwicklung von Rennfahrzeugen erfordert aufgrund der zeitlichen und technischen Randbedingungen einen von Serienfahrzeugen abweichenden Prozess. Eine übersichtliche Zusammenfassung von Rennfahrzeugkonzepten, zugehörigen Entwicklungsprinzipien und konstruktiven Beispielen werden im Werk von Trzesniowski [4] dargestellt. Rennfahrzeugkomponenten unterliegen danach hauptsächlich performanceorientierten Anforderungen und ein spezieller Fokus liegt auf der Definition von Aerodynamik, Reifen, Fahrwerk und Antriebsstrang. Die physikalischen Aspekte des Zusammenspiels dieser Komponenten, die die Eigenschaften des Gesamtfahrzeuges prägen, werden durch Milliken [1] in *„Race Car Vehicle Dynamics"* beschrieben. Dieses Werk geht sowohl auf die grundsätzlichen Wirkzusammenhänge in der Fahrdynamik als auch auf Methoden zur Betrachtung des fahrdynamischen Grenzbereichs, wie das *g-g-Diagramm* oder erstmalig die sogenannte *Milliken Moment Method (MMD)* ein. Haney stellt in seinem Werk *„The Racing and High Performance Tire"* [5] fest, dass Erkenntnisse und Wissen im Motorsport selten offengelegt werden und Informationen daher schwer zugänglich sind. Er beschreibt in seinem Werk hauptsächlich den Aufbau von Rennreifen sowie die dazugehörigen speziellen Gummimischungen, die für höchste Haftreibungskoeffizienten erforderlich sind. Die Entwicklung des Fahrwerkes muss sich danach hauptsächlich an den Eigenschaften des Reifens ausrichten, um die Interaktion zwischen Reifen und Fahrbahnoberfläche zu optimieren. Darüber hinaus muss Fahrwerkskonstruktion und -abstimmung in Formelfahrzeuge, Tourenwagen- oder Sportwagenprototypen häufig der Dominanz der aerodynamischen Konstruktion folgen. Diese gegensätzlichen Anforderungen können einen Kompromiss zwischen mechanischem und aerodynamischem Grip notwendig machen, wie von Katz [6] erläutert.

Um diesen und andere Kompromisse im Entwicklungsprozess von Rennfahrzeugen von Anfang an berücksichtigen zu können, sind virtuelle Entwicklungswerkzeuge notwendig. Diese müssen in der Lage sein, die Performance in Form der Rundenzeit sowie das Fahrverhalten bis in den fahrdynamischen Grenzbereich anhand von realitätsnahen Modellen bewerten zu können. Aus der Forschung sind verschiedene Methoden der Rundenzeitsimulation bekannt. Die Ansätze und damit verbundenen Vor- und Nachteile werden im folgenden Abschnitt 2.1 erläutert. Für die Bewertung der Fahrdynamik und den Zusammenhang zur subjektiven Fahrbarkeit steht ein Großteil der Literatur in Zusammenhang mit der Serienfahrzeugentwicklung. Die Ansätze werden in Abschnitt 2.2 vorgestellt und die Übertragbarkeit auf die Zielsetzung dieser Arbeit überprüft.

2.1 Rundenzeitsimulation

Die virtuelle Berechnung der minimal erreichbaren Rundenzeit für ein Fahrzeugmodell auf einem Streckenmodell wird als Rundenzeitsimulation bezeichnet. Gegenüber der Betrachtung von isolierten open-loop Fahrzeugeigenschaften beziehen sich Ergebnisse der Rundenzeitsimulation mindestens auf die Kombination aus Fahrzeug und Strecke und sind damit streckenspezifisch, siehe Abbildung 2.1.

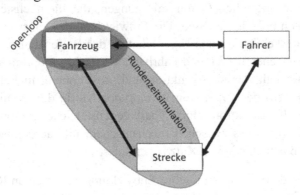

Abbildung 2.1: Einordnung der open-loop und Rundenzeitsimulation in die Umgebung: Fahrzeug, Fahrer und Strecke

Für ein Fahrzeug mit den Parametern $para_{veh}$ auf einer Strecke mit den Eigenschaften $para_{track}$ ist das Ergebnis der Rundenzeitsimulation (LTS – englisch für: *lap time simulation*) die theoretisch minimale Rundenzeit t_{theo}.

$$t_{theo} = f_{LTS}(para_{veh}, para_{track}) \to min \qquad \text{Gl. 2.1}$$

$$t_{theo} = \frac{v_{avg}}{s} \qquad \text{Gl. 2.2}$$

Die minimale Rundenzeit wird erreicht, wenn die durchschnittliche Geschwindigkeit v_{avg} maximal wird, und die zurückgelegte Strecke s als konstant angenommen wird, siehe Gl. 2.2. Um das Problem zu vereinfachen, wird in der Regel von idealen Randbedingungen, wie einer freien Runde ohne Verkehr und trockenen Streckenbedingungen, ausgegangen. Die Ergebnisqualität der Rundenzeitsimulation wird nach Völkl [3] mit der Aussage- und der Vorhersagegenauigkeit bewertet.

Die Anfänge der Rundenzeitberechnung liegen in den 50er Jahren. Moss und Pomeroy [7] beschreiben eine Methode zur Bestimmung der zu erwartenden Kurvengeschwindigkeiten und Motordrehzahlen, in der die Strecke in Geraden und Kurven aufgeteilt wird und das Fahrzeug als Punktmasse angesehen wird. Heute existieren drei wesentliche Berechnungsmethoden zur Rundenzeitsimulation, die im Folgenden näher erläutert werden. Es handelt sich um quasistatische Methoden, Methoden mit Fahrerreglern sowie die Berechnung der Rundenzeit mithilfe eines Ansatzes der Optimalsteuerung.

2.1.1 Quasistatische Methoden

Als grundlegende Annahme wird bei der quasistatischen (qs) Rundenzeitsimulation davon ausgegangen, dass die Zeit, die das System für den Übergang in einen Gleichgewichtszustand benötigt, deutlich kürzer ist als die Zeitskala, in der sich die bestimmenden Fahrzeugbewegungsgrößen ändern. Betrachtet wird daher eine zeitliche Abfolge von eingeschwungenen Systemzuständen [3]. In der quasistatischen Rundenzeitsimulation ist die Fahrzeuggeschwindigkeit der einzige von der Zeit abhängige Zustand und die bestimmende Größe zur Ermittlung der Rundenzeit. Es wird vorausgesetzt, dass die Fahrlinie bekannt und nicht variabel ist. Der kontinuierliche Krümmungsverlauf der Fahrlinie wird in eine Sequenz von kurzen Krümmungsabschnitten diskretisiert. Der zurückgelegte Weg s und die Krümmung $\kappa(s)$ beschreiben die Solltrajektorie in krummlinigen Koordinaten. Die lokalen Maxima bzw. Minima der

Fahrlinienkrümmung stellen dabei die geringsten Kurvenradien bzw. Geschwindigkeitsminima dar. Um eine zeitminimale Lösung zu erreichen, muss das Fahrzeug immer an der Grenze des Beschleunigungspotenzials bewegt werden.

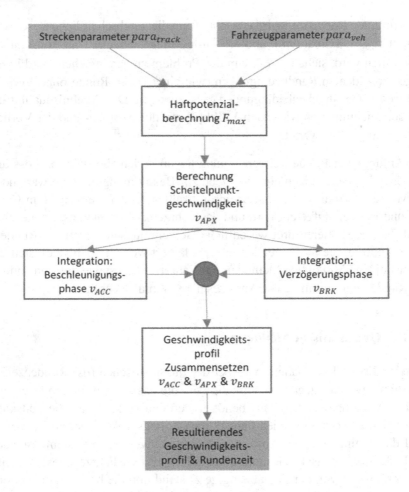

Abbildung 2.2: Berechnungsablauf quasistatische Rundenzeitsimulation

Es kann gezeigt werden, dass die optimale Steuerstrategie eine Zweipunktregelung darstellt [8]. Das Fahrzeug wird in einem Abschnitt bis zum Umschaltpunkt zunächst maximal beschleunigt und anschließend maximal verzögert.

Die maximal mögliche Längsbeschleunigung wird in gekrümmten Abschnitten durch die Querbeschleunigung begrenzt. Im Umschaltpunkt zwischen Verzögern und Beschleunigen ergibt sich ein Nulldurchgang der Längsbeschleunigung, in dem das volle Beschleunigungspotenzial in Querrichtung verwendet wird. Dieser Punkt liegt im Bereich des Kurvenscheitelpunktes und ist im Geschwindigkeitsverlauf ein lokales Minimum. Quasistatische Rundenzeitsimulation nach dem beschriebenen Prinzip kann prinzipiell mit beliebig komplexen Modellen durchgeführt werden, solange statische Gleichgewichtslagen ermittelt werden können. Für komplexere Modelle, wie z.B. dem Zweispurmodell, sind jedoch iterative Methoden zum Ermitteln dieser Gleichgewichtsbedingungen notwendig. Für einfache Modelle, wie der Punktmasse oder einem Einspurmodell, ist eine analytische Lösung in der Regel möglich. Der schematische Berechnungsablauf einer quasistatischen Rundenzeitsimulation wird in Abbildung 2.2 veranschaulicht.

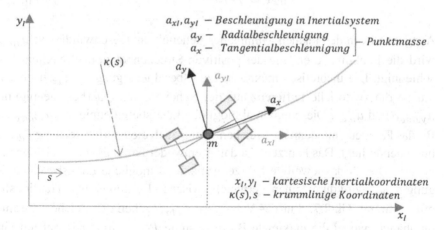

Abbildung 2.3: Massenpunktmodell in kartesischen und krummlinigen Koordinatensystem für die Beschreibung der Solltrajektorie nach [3]

Im einfachsten Fall wird das Fahrzeug als Punktmasse m betrachtet, die auf einer vorgegebenen Bahn, in Radial- und Tangentialrichtung a_y, a_x beschleunigt wird, um die Geschwindigkeit v in jedem Punkt zu maximieren, siehe Abbildung 2.3. Typischerweise wird die vorgegebene Bahn in krummlinigen

Koordinaten mit der lokalen Krümmung $\kappa(s)$ entlang der Bahnposition s beschrieben.

Die maximal übertragbare Kraft in der Ebene F_{max} ist durch die Vertikalkraft F_z und dem Haftungskoeffizienten μ_{max} begrenzt, wenn angenommen wird, dass die Haftkoeffizienten in Längs- und Querrichtung identisch sind, Gl. 2.3. Mit der maximal möglichen Horizontalbeschleunigung a_{max} nach Gl. 2.4 folgt die Scheitelpunktgeschwindigkeit v_{apex} nach Gl. 2.5, die für den Fall gilt, dass keine Längsbeschleunigung a_x aufgebracht werden muss.

$$F_{max} = \mu_{max} \cdot F_z \qquad\qquad \text{Gl. 2.3}$$

$$a_{max} = \frac{F_{max}}{m} \qquad\qquad \text{Gl. 2.4}$$

$$v_{apex} = \sqrt{a_{max} \cdot \kappa} \qquad\qquad \text{Gl. 2.5}$$

Ausgehend von den lokalen Minima der Scheitelpunktgeschwindigkeit v_{apex} wird die Punktmasse entlang der positiven Streckenposition s maximal beschleunigt. Die theoretisch maximale Längsbeschleunigung $a_{x,max}$ nach Gl. 2.6 ist die vektorielle Differenz aus der Scheitelpunkt-Querbeschleunigung $a_{y,apex}$ und a_{max}. Diese maximal mögliche Längsbeschleunigung $a_{x,max}$ ist für das Fahrzeug nur dann zu erreichen, wenn auch die Antriebsleistung P_{drive} hoch genug liegt. Das Fahrzeug ist daher entweder haftungs- oder leistungslimitiert. Die für das jeweilige Fahrzeug maximal mögliche Längsbeschleunigung $a_{x,acc}$ wird durch einen Vergleich zwischen Leistungs- und Traktionslimit bestimmt, Gl. 2.7. Für das Verzögern $a_{x,brk}$ gelten die gleichen Zusammenhänge, wobei die maximale Bremsleistung P_{brake} in der Regel um ein Vielfaches höher ist als die maximale Antriebsleistung. Fahrzeuge mit hohem aerodynamischem Abtrieb profitieren in der Bremsphase zusätzlich von dem erhöhten induzierten Luftwiderstand, der das Fahrzeug zusätzlich verzögert. Daher werden in der Verzögerungsphase höhere Absolutbeschleunigungen erreicht als in der Beschleunigungsphase.

$$a_{x,max} = \frac{F_{x,max}}{m} = \sqrt{a_{y,apex}^2 - a_{max}^2} \qquad\qquad \text{Gl. 2.6}$$

$$a_{x,acc} = \min\left(\frac{P_{max}}{v \cdot m}, a_{x,max}\right) \qquad \text{Gl. 2.7}$$

In Abbildung 2.4 werden die einzelnen Berechnungsphasen einer qs-Rundenzeitsimulation dargestellt, sowie den daraus resultierenden Geschwindigkeitsverlauf v_{qs}. Die als durchgehende schwarze Linie dargestellte Scheitelpunktgeschwindigkeit v_{APX} begrenzt die maximale Fahrgeschwindigkeit insbesondere während der Kurvenfahrt, d.h. für hohe Bahnkrümmungen κ. Der resultierende Geschwindigkeitsverlauf v_{qs} ergibt sich dann aus der Kombination der maximal möglichen Verzögerung v_{BRK} und der maximal möglichen Beschleunigung v_{ACC}. Das Massepunktmodell zur Erstellung von Abbildung 2.4 wurde mit den folgenden Parametern berechnet: Masse $m = 1000 \ kg$, Haftungskoeffizient $\mu_{max} = 1{,}5$, maximale Antriebsleistung $P_{drive} = 400 \ kW$ und maximale Bremsleistung $P_{brake} = 3000 \ kW$.

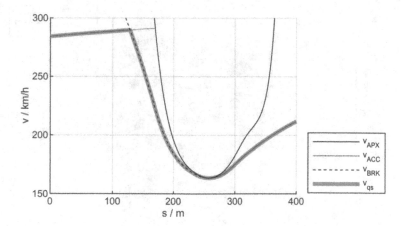

Abbildung 2.4: Einzelne Berechnungsphasen der qs-Rundenzeitsimulation ($v_{APX}, v_{ACC}, v_{BRK}$) und resultierender Geschwindigkeitsverlauf (v_{qs})

Das Fahrzeugbeschleunigungspotenzial in Längs- und Querrichtung wird mit der Fahrgeschwindigkeit und abhängig vom aerodynamischen Abtrieb des Fahrzeuges teils stark erhöht, wie der Trichterform in Abbildung 2.5 zu entnehmen ist. Während das mit hohem Abtrieb dargestellte Fahrzeug mit dem

Abtriebskoeffizienten von $c_z = 4$ bei $v = 50\ km/h$ eine maximale Querbe-schleunigung von ca. 1,5 g zulässt, liegt sie bei $v = 250\ km/h$ schon bei 3,15 g, also einer Steigerung von 110 %. Hat das Fahrzeug hingegen nur einen Abtriebskoeffizienten von $c_z = 2$, liegt die maximale Querbeschleuni-gung bei $v = 250\ km/h$ lediglich bei 2,3 g, also einer Steigerung von 53 %. Für ein Fahrzeug ohne nennenswerten aerodynamischen Abtrieb – wie bei den meisten Serienfahrzeugen gegeben [6, 9] – wäre die Form nicht trichterförmig, sondern zylindrisch, d.h. das Beschleunigungspotenzial wird nicht durch die Fahrgeschwindigkeit beeinflusst. Für qs- Rundenzeitsimulationsmethoden muss gegeben sein, dass das maximale Reifenhaftungspotenzial aus den gege-benen Zuständen, wie z.B. Radlast, Sturzwinkel, Innendruck und Temperatur berechnet werden kann.

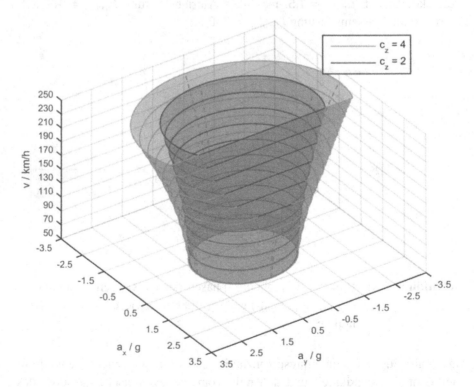

Abbildung 2.5: g-g-v-Diagramm von zwei unterschiedlichen aerodynami-schen Abtriebskonfigurationen

Für die Berechnung des Beschleunigungspotenzials wird entweder ein vorberechnetes g-g-Diagramm wie in Abbildung 2.5 verwendet oder für komplexere Modelle die Berechnung während der Geschwindigkeitsplanung durchgeführt. Dies ist dann vorteilhaft, wenn im Fall eines vorberechneten g-g-Diagramms Zustände berechnet werden, die während einer Runde nicht auftreten. Beispiele für die Bestimmung des g-g-Diagramms vor der eigentlichen Geschwindigkeitsplanung gibt Brayshaw [10]. In beiden Fällen ist die Methode numerisch sehr effizient umsetzbar und erreicht im Vergleich mit weiteren Methoden kürzere Rechenzeiten. Die Ergebnispräzision ist hoch, da die vorgegebene Fahrlinie exakt befahren wird.

Nachteile der qs-Methode sind die Vernachlässigung von transienten Fahrzeugeigenschaften, die einen Rundenzeiteinfluss haben können. Wichtige transiente Effekte sind nach Kelly [11] das thermische Reifenverhalten, Reifeneinlaufverhalten und die Radlastdynamik durch Vertikalanregung. Für die korrekte Beschreibung der Reifeneigenschaften muss insbesondere das thermische Verhalten bekannt sein, da das Haftpotenzial von den thermischen Randbedingungen abhängt [12]. Die Radlastdynamik aufgrund von Vertikalanregung z.B. durch Überfahren der Randsteine führt abhängig von Fahrzeugeigenschaften zu Radlastschwankungen, die sich nach Mühlmeier [13] auf das Haftpotenzial auswirken.

Aufgrund dieser Eigenschaften werden die in qs-Methoden bestimmten Geschwindigkeitsverläufe z.B. bei Mavroudakis [14] als Referenzlösungen für einen transienten Ansatz verwendet oder dienen wie bei König [15] als Geschwindigkeitsvorgabe für die Vorsteuerung eines Fahrermodells. Zudem finden sich Erweiterungen der qs-Methode mit unterschiedlichen Zielsetzungen. Eine um gierdynamische Anteile erweiterte qs-Methode wird in Patton [16] als quasitransiente Rundenzeitsimulation bezeichnet um z.B. den Einfluss des Gierträgheitsmoments auf die Rundenzeit zu bestimmen. Völkl [3] entwickelt eine erweiterte quasistatische Methode (eqs), die transiente Effekte wie die Reifenthermik und Radlastdynamik bewertbar machen.

2.1.2   Optimalsteuerung

Während in der quasistatischen Rundenzeitsimulation die maximale Fahrgeschwindigkeit über die Annahme der maximalen Fahrzeug- bzw. Reifenpoten-
zialausnutzung berechnet wird, wird in der Optimalsteuerung die zeitliche Abfolge von Steuereingaben, wie Lenken, Beschleunigen und Bremsen gesucht,
die zu einer minimalen Rundenzeit bzw. zur Erfüllung von weiteren Optimalitätskriterien führen. Die Vorteile der Optimalsteuerung liegen darin, dass die
Methode mit transienten Systemmodellen verwendet werden kann, d.h. im Gegensatz zur vorher dargestellten qs-Methodik auch z.B. die Gierdynamik und
weitere Dynamiken direkt im Fahrzeugmodell mit abgebildet werden können.

Das mathematische Modell des betrachteten Fahrzeuges f_{veh} wird als nichtlineare, zeitinvariante gewöhnliche Differentialgleichung mit den Zuständen
$x(t)$ und den Steuerungen $u(t)$ beschreiben, Gl. 2.8. Je nach Komplexität des
Fahrzeugmodells kann sich die Anzahl der Zustände unterscheiden. Typisch
sind jedoch die Bewegungsgrößen des Fahrzeugaufbaus wie die Längs-, Quer-
und Vertikalposition, sowie der Gierwinkel entlang der Fahrlinie. Komplexere
Modelle berücksichtigen außerdem die Dynamik der ungefederten Massen in
Form der Raddrehung um die Drehachse und die Vertikalposition der Aufhängung in Relation zum Fahrzeugaufbau. Weitere relevante transiente Eigenschaften wie die Reifenthermik können ebenfalls betrachtet werden [17]. Die
Randbedingungen für Zustände und Steuerungen $c(t)$ in Gl. 2.9 schränken
z.B. de Fahrzeugposition auf die zulässigen Streckenbereiche zwischen den
Fahrbahnbegrenzungen ein oder beschränken fahrdynamische Zustandsgrößen $x(t)$ innerhalb sinnvoller Grenzen. Auch die Steuerungen $u(t)$, die in der
Regel mindestens aus Lenk-, Beschleunigungs- und Bremseingaben bestehen,
werden auf sinnvolle Bereiche eingeschränkt, Gl. 2.10. Die Steuerungen $u(t)$
sind nicht auf die typischen Fahrereingaben beschränkt, sondern können auch
zur Optimierung von Fahrzeugsystemen verwendet werden. Für Rennfahrzeuge mit Hybridantriebstrang, wie sie z.B. in der Formel 1 oder WEC verbreitet sind, gilt es die pro Runde zur Verfügung stehende Energie möglichst
rundenzeitoptimal auf die Brems- und Beschleunigungsphasen zu verteilen.

$$\dot{x}(t) = f_{veh}(x(t), u(t), t) \qquad\qquad \text{Gl. 2.8}$$

$$c(t) = c(x(t), u(t), t) \leq 0 \qquad \text{Gl. 2.9}$$

$$u_L \leq u(t) \leq u_U \qquad \text{Gl. 2.10}$$

Für das zeitminimale Durchfahren einer festgelegten Strecke mit einem definierten Fahrzeug werden die notwendigen Steuerungen $u(t)$ gesucht, die zulässig für alle Beschränkungen $c(t)$, wie z.B. die durch die Streckenbegrenzung eingeschränkte Fahrlinie ist, wie z.B. in Cassanova et al. [18] dargestellt wird. Das allgemeine Problem der Optimalsteuerung ist eine Steuertrajektorie $u(t)$ zu finden, die ein gegebenes Objektivkriterium J minimiert. Die allgemeine Formulierung des zu minimierenden Objektivkriteriums J ist in Gl. 2.11 angegeben. Dabei legt die Funktion f_{end} einen gewünschten Endzustand $x(t_f)$ fest, beispielsweise wenn das betrachtete Fahrzeug am Ende der Simulation auf einer definierten Position ankommen soll, z.B. der Ziellinie der zu befahrenden Strecke. Die Funktion f_{traj} bezieht sich hingegen auf den zeitlichen Verlauf der gewünschten Zustände $x(t)$ bzw. Steuerungen $u(t)$. Dies kann neben der Rundenzeit selbst auch weitere Kriterien enthalten, die aus dem Fahrzeugmodell oder der Problemdefinition heraus bestimmt werden können, wie z.B. die Minimierung des Abstandes zur Fahrbahnmitte in Butz [19], die Berücksichtigung des Reifentemperaturverhaltens in Kelly [11] oder die vorher beschriebene rundenzeitoptimale Verteilung der Energie.

$$\min_{u} \quad J = f_{end}(x(t_f), t_f) + \int_{t_0}^{t_f} f_{traj}(x(t), u(t), t)dt \qquad \text{Gl. 2.11}$$

Im einfachsten Fall der Rundenzeitsimulation wird lediglich die Minimierung der Rundenzeit gewünscht. Diese Forderung kann durch die Formulierung der Objektivfunktion wie in Gl. 2.12 erfüllt werden.

$$\min_{u} \quad J = \int_{t_0}^{t_f} dt = t_f - t_0 \qquad \text{Gl. 2.12}$$

Die analytische Lösung von Problemen der Optimalsteuerung ist nach Kirk nur für einfache Fälle, z.B. der linear-quadratischen Regelung, möglich [8]. Die hinreichenden bzw. notwendigen Optimalitätsbedingungen werden entweder über die Minimierung der Hamilton Gleichung unter Anwendung von Pontrjagins Minimumsprinzip oder über die Lösung der Hamilton-Bellmann-Jacobi Gleichung hergeleitet. Im allgemeinen Fall ist die Lösung nur mit numerischen Methoden möglich, die in indirekte und direkte Verfahren eingeteilt werden [8, 18]. Während in den indirekten Verfahren die Lösung des nichtlinearen Randwertproblems unter expliziter Anwendung der Optimalitätsbedingungen bestimmt wird, wird das Problem in den direkten Verfahren in ein Problem der nichtlinearen Programmierung übersetzt.

Die vielfach praktisch angewandten direkten Methoden haben dabei den Vorteil auf bereits bestehende Techniken der nichtlinearen Optimierung aufbauen zu können. Die gesuchte Steuertrajektorie $u(t)$ wird hier nicht mehr als kontinuierliche Funktion betrachtet, sondern durch eine diskrete Approximation ersetzt. Da die Zustände von den Steuerungen abhängig sind, muss die Schrittweite bzw. die zu verwendenden Interpolationstechniken auf die Dynamik des betrachteten Systemmodells abgestimmt werden. Unter den direkten Transkriptionsmethoden sind unterschiedliche Lösungsansätze bekannt, zum einen die direkten Schießverfahren (*direct shooting*) und zum anderen direkte Kollokationsmethoden (*direct collocation*).

In den Schießverfahren wird nur der diskretisierte Steuerungsvektor $u(t_i)$ als Optimierungsvariable betrachtet und die Gesamtproblemgröße bleibt überschaubar. Die diskretisierte Steuerung $u(t_i)$ wird so lange variiert, bis das betrachtete System f_{veh} die Zustände $x(t)$ erreicht, die das Optimalitätskriterium J minimieren. Das Differentialgleichungssystem f_{veh} wird dann mit der Steuerung $u(t_i)$ mithilfe eines geeigneten Integrators z.B. dem Runge-Kutta-Verfahren im Intervall $[t_0\ t_f]$ gelöst. Der Nachteil von direkten Schießverfahren liegt insbesondere für relativ lange Manöver, z.B. für das Durchfahren einer gesamten Runde, in der hohen Sensitivität der anfänglichen Steuereingaben. Diese beeinflussen den gesamten Verlauf der späteren Zustände, und haben im Gegensatz zu den späten Steuereingaben, eine starke Kopplung mit dem Objektivkriterium J. Besonders für Problemstellungen mit Zustandsbeschränkungen wie z.B. die für Rundenzeitsimulationen notwendige Fahrstreckenbegrenzung, kann die Verwendung von Schießverfahren zu schlechten Konvergenzeigenschaften führen [20]. Vorteile bieten die direkten Schießverfahren insbesondere durch die kleine Problemgröße, die nur durch die Größe des Steuerungsvektors gegeben ist. Weiterhin sind für viele Black-Box Modelle Schießverfahren die einzige Möglichkeit zur Anwendung in einer Optimalsteuerung, da weitere Verfahren den Zugriff auf die Zustände $x(t)$ und deren Ableitungen $\dot{x}(t)$ benötigen.

Kollokationsmethoden lösen die Kopplung zwischen anfänglichen Steuerungen und späteren Zuständen auf, indem auch die Zustände $x(t_k)$ über eine definierte Anzahl von k Kollokationspunkten diskretisiert werden, und als Optimierungsvariable vom gewählten Optimierungsalgorithmus berücksichtigt werden [21]. Die Steuerung $u(t_i)$ hat damit nur einen direkten Einfluss auf ihre benachbarten Zustände, und nicht wie bei den Schießverfahren auf den gesamten Verlauf. Die Problemgröße nimmt durch das Hinzukommen der diskretisierten Zustandsvektoren in den Optimierungsvariablen – abhängig von Modellkomplexität und Länge des Manövers – deutlich zu, allerdings ergeben sich durch die weitgehende zeitliche Entkopplung von Steuerungen und Zuständen dünn besetzte Strukturen für die Jakobi- und Hessematrizen, für die bereits mehrere geeignete Optimierungsalgorithmen zur Verfügung stehen wie z.B. SNOPT [22] oder IPOPT [23]. Um die Vorteile der jeweiligen zuvor genannten Methoden zu kombinieren sind auch Mischformen bekannt, wie z.B. *parallel shooting* Ansätze [20].

Die Methoden wurden zuerst für Problemstellungen in der Luft- und Raumfahrt und schließlich auch auf bodengebundene Fahrzeuge übertragen. Für den speziellen Fall von Rennfahrzeugen entstanden erste Veröffentlichungen an der Cranfield University durch Cassanova [18, 20], der ein Programm zur Rundenzeitsimulation entwickelt, dass das Problem in kleinere Teilprobleme diskretisiert und mit den Techniken der nichtlinearen Programmierung (NLP) löst. Butz et al. [19, 24] betrachten Fahrereigenschaften mit einem optimaltheoretischen Ansatz für Straßenfahrzeuge. Bahnplanungen für einen doppelten Fahrspurwechsel werden mit verschiedenen Optimalitätskriterien z.B. minimale mittlere Querbeschleunigung durchgeführt. Kelly [11] beschreibt wiederrum für Rennfahrzeuge einen Ansatz der Optimalsteuerung und schlägt Beschränkungen für Stabilitäts- und Kontrollierbarkeitseigenschaften vor, die als Toleranzgrenzen für den menschlichen Fahrer angesehen werden können.

Metz und Williams zeigen in [25], dass mit einer Optimalsteuerung gefundene Steuerstrategien qualitativ vergleichbar mit aufgezeichneten Fahrerdaten sind. Aufgrund der generellen Formulierbarkeit der Optimalsteuerung gibt es weitere Untersuchungen mit Bezug auf den fahrdynamischen Grenzbereich von Kraftfahrzeugen. Velenis untersucht in [26] die unterschiedlichen Steuerstrategien und resultierenden Trajektorien für Minimale Zeit und Maximale Ausgangsgeschwindigkeit Kurvendurchfahrten. Fuijoka und Kimura untersuchen in [27] die optimale Steuerstrategie bei Kurvendurchfahrt für unterschiedliche Fahrzeugkonzepte, in denen Lenkwinkel und Antriebsmomente unabhängig voneinander gestellt werden können. Eine ähnliche Lösung untersucht Orend [28], allerdings mit dem Fokus auf der Minimierung der Kraftschlussausnutzung einzelner Räder für ein open-loop Ausweichmanöver.

Das iterative Vorgehen, um die optimale Steuerung zu finden, die zu einer minimalen Rundenzeit führt, ist ähnlich dem Vorgehen von Rennfahrern, die in Trainingssitzungen ihre individuelle Steuerung mit dem Ziel der schnellsten Rundenzeit anpassen und verbessern. Dennoch unterscheiden sich Steuerstrategien, die durch die Rundenzeitsimulation gefunden wurden und die von Realfahrern gewählte, erheblich, wenn der zulässige Lösungsraum nicht mit fahrerspezifischen Randbedingungen eingeschränkt wird [11]. Ähnlich zur qs-Rundenzeitsimulation zeigt die Lösung der Optimalsteuerung, dass das maximale Haftpotenzial stets ausgenutzt wird. Darüber hinaus werden durch die Optimalsteuerung auch Lösungen gefunden, die das transiente Fahrzeugverhalten ausnutzen. Für ein Fahrzeug das quasistationär durch das Haftpotenzial der Vorderachse limitiert ist, wird durch ein zielgerichtetes Destabilisieren in der Kurveneingangsphase ein höherer Schwimmwinkel in der Kurvenmitte erreicht. Da mithilfe dieser Fahrtechnik mehr Potenzial von der Hinterachse verwendet wird als im quasistationären Fall möglich gewesen wäre, kann eine höhere Geschwindigkeit erreicht werden. Diese Steuerstrategie kann in Motorportdisziplinen beobachtet werden, die auf Belägen mit niedrigem Reibwert (Schotter, Eis) und mit vergleichsweise niedrigen Geschwindigkeiten stattfinden z.B. dem Rallyesport. Velenis et al. betrachten den *„Pendulum Turn"* Fahrstil mit Hilfe der Optimalsteuerung in [29] und weitere praktizierte Fahrtechniken im Motorsport in [30].

Im Fall von Rundstreckenfahrzeugen mit vergleichsweise hohen Haftungskoeffizienten tendieren Fahrer eher zu einer ruckfreien Steuerstrategie und einem fließenden Übergang von Längs- zu Querbeschleunigung. Diese Fahrtechnik wird im Falle des Übergangs von Bremsen in Kurvenfahrt als *Trailbraking* bezeichnet und verläuft ideal betrachtet auf dem Rand des Kamm'schen Kreis [31]. Da die qs-Rundenzeitsimulation ebenfalls auf diesem Prinzip basiert, sind die berechneten Steuereingaben außerhalb der Umschaltpunkte zwischen Bremsen und Beschleunigen ebenfalls eher durch glatte Übergänge als durch oszillierendes Verhalten gekennzeichnet. Dieses Verhalten kann auch bei Rennfahrern der betrachteten Rundstreckenfahrzeuge beobachtet werden, wie später gezeigt wird. Sowohl bei der Verwendung der Optimalsteuerung als auch bei der qs-Methode sind daher Anpassungen notwendig, um ein reales Fahrerverhalten abzubilden [32].

2.1.3 Methoden mit Fahrerreglern

Die Modellierung des menschlichen Fahrerverhaltens erfolgt für unterschiedlichste Anwendungen häufig mit bekannten Ansätzen aus der Regelungstechnik. Plöchl und Edelmann berichten zusammengefasst in [33] über Fahrermodelle für automobile Anwendungen. Neben typischen fahrdynamischen Anwendungen, z.B. zur Objektivierung des Fahrverhaltens, durch Henze [34] oder zur Betrachtung des Fahrerverhaltens bei instationärem Seitenwind durch Krantz [35] stellt das Fahren im Grenzbereich für die Verwendung als Rundenzeitsimulation eine Spezialanwendung dar.

Die Herausforderungen liegen in der Entwicklung des Regelalgorithmus, der auf die nichtlinearen Eigenschaften im kombinierten längs- und querdynamischen Bereich eingestellt ist. Dazu ist häufig auch die Implementierung des „Wissens" notwendig, das ein Fahrer mit fortlaufender Trainingszeit aufbaut. Für das Fahren im Grenzbereich entwickelt Macadam [37, 38] ein Fahrermodell, das aus einem internen nichtlinearen 4DOF Fahrzeugmodell, einer optimaltheoretischen Querregelung sowie aus physiologischen und ergonomischen Randbedingungen wie Zeitverzügen und Stellgrößenbeschränkungen besteht. Auch Sharp et al. [39] übertragen Ansätze der linearen Optimalsteuerung auf einen Pfadfolgeregler, der im Grenzbereich eine präzise Spurführung ermöglicht und robust gegenüber Veränderungen des Fahrzeugmodells ist. Keen legt in seiner Arbeit [40] den Fokus auf einen modellprädiktivem (MPC) Querregler, der verschiedene Fahrerfähigkeitslevel abbildet und mit realen

Fahrer- und Fahrzeugdaten gefittet werden kann. König vergleicht in [15] verschiedene Ansätze der modellprädiktiven Regelung, Sliding-Mode Regelung und der Exakten Linearisierung. Aufgrund der sehr einfachen Parametrierung entscheidet er sich bei vergleichbarer Regelgüte für den Ansatz der exakten Linearisierung für die Querführung des Fahrzeuges im Grenzbereich. Thommyppillai et al. [41] entwickeln einen adaptiven modellprädiktiven Querregler, der für Fahrzustände außerhalb der Gleichgewichtslagen robuste Spurführung und Stabilität ermöglicht. Die Anwendung eines modellprädiktiven Querreglers für ein übersteuerndes Rennfahrzeug zeigen Timings und Cole [42] für ein Fahrmanöver mit konstanter Geschwindigkeit. Dabei wird der Regler so formuliert, dass gleichzeitig eine Minimierung der gefahrenen Distanz und somit auch der Manöverzeit robust und rechenzeiteffizient möglich ist.

Die Herausforderungen liegen in der Entwicklung des Regelalgorithmus, der auf die nichtlinearen Eigenschaften im kombinierten längs- und querdynamischen Bereich eingestellt ist. Dazu ist häufig auch die Implementierung des „Wissens" notwendig, das ein Fahrer mit fortlaufender Trainingszeit aufbaut. Für das Fahren im Grenzbereich entwickelt Macadam [37, 38] ein Fahrermodell, das aus einem internen nichtlinearen 4DOF Fahrzeugmodell, einer optimaltheoretischen Querregelung sowie aus physiologischen und ergonomischen Randbedingungen wie Zeitverzügen und Stellgrößenbeschränkungen besteht. Auch Sharp et al. [39] übertragen Ansätze der linearen Optimalsteuerung auf einen Pfadfolgeregler, der im Grenzbereich eine präzise Spurführung ermöglicht und robust gegenüber Veränderungen des Fahrzeugmodells ist. Keen legt in seiner Arbeit [40] den Fokus auf einen modellprädiktivem (MPC) Querregler, der verschiedene Fahrerfähigkeitslevel abbildet und mit realen Fahrer- und Fahrzeugdaten gefittet werden kann. König vergleicht in [15] verschiedene Ansätze der modellprädiktiven Regelung, Sliding-Mode Regelung und der Exakten Linearisierung. Aufgrund der sehr einfachen Parametrierung entscheidet er sich bei vergleichbarer Regelgüte für den Ansatz der exakten Linearisierung für die Querführung des Fahrzeuges im Grenzbereich. Thommyppillai et al. [41] entwickeln einen adaptiven modellprädiktiven Querregler, der für Fahrzustände außerhalb der Gleichgewichtslagen robuste Spurführung und Stabilität ermöglicht. Die Anwendung eines modellprädiktiven Querreglers für ein übersteuerndes Rennfahrzeug zeigen Timings und Cole [42] für ein Fahrmanöver mit konstanter Geschwindigkeit. Dabei wird der Regler so formuliert, dass gleichzeitig eine Minimierung der gefahrenen Distanz und somit auch der Manöverzeit robust und rechenzeiteffizient möglich ist.

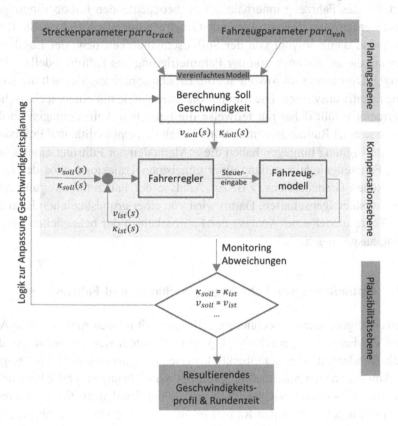

Abbildung 2.6: Berechnungsverlauf Rundenzeitsimulation mit Fahrerregler nach [36]

Die erwähnten Arbeiten beziehen sich zum großen Teil auf die robuste Querregelung bis in den fahrdynamischen Grenzbereich. Der Geschwindigkeitsverlauf entlang der Fahrlinie als relevanteste Information für die Rundenzeit wird häufig von einer qs-Methode vorberechnet bzw. konstant gehalten. Dieser Berechnungsablauf ist in Abbildung 2.6 veranschaulicht, der an das Fahrermodell von VIgrade angelehnt ist [36, 43]. Der grau hinterlegte Bereich zeigt Fahrerregler und Fahrzeugmodell, das entlang einer vorgegebenen Fahrlinie mit einer vorab bestimmten Sollgeschwindigkeit bewegt werden soll. Kommt es während der Fahrzeugregelung zu einer Querabweichung von der vorgegebenen Fahrlinie, wird die Simulation angehalten und die Sollgeschwindigkeit geändert, bis das Fahrzeug innerhalb der zu beobachtenden Randbedingungen geführt werden kann. Das resultierende Geschwindigkeitsprofil bzw. die Rundenzeit sind damit sowohl von der Sollgeschwindigkeit bzw. der Logik zur Änderung dieser, als auch von der Parametrierung des Fahrermodells selbst abhängig. Dies kann sich sowohl auf die Ergebnispräzision als auch die Konsistenz negativ auswirken. Die Simulation einer Runde mit einem technischen Fahrerregler erfüllt daher nur teilweise die typischen Anforderungen an die Ergebnisse einer Rundenzeitsimulation hinsichtlich Optimalität und Präzision. Eine gute Eignung hingegen haben diese Methoden zur Führung eines komplexen Fahrzeugmodells entlang einer gegebenen Trajektorie nahe des fahrdynamischen Grenzbereichs, z.B. zur Analyse der Fahrzeugbewegung oder von Subsystemeigenschaften. Damit wird von einer grundsätzlichen Eignung dieser Fahrermodelle zur Analyse der Fahrbarkeit in der behandelten Fragestellung ausgegangen.

2.1.4   Optimierung von Fahrzeugeigenschaften und Fahrlinie

Neben der eigentlichen Berechnung der Rundenzeit werden zum gezielten Anpassen von Fahrzeugeigenschaften Optimierungsmethoden verwendet, in denen die Rundenzeit eines der Objektivkriterien ist. Kasprzak et al. [44] zeigen unter Anwendung der Spieltheorie paretooptimale Lösungen für die Parameter Rollsteifigkeits- und Gewichtsverteilung, die die Rundenzeit für zwei Kreisbahnen mit unterschiedlichen Radien minimieren. McAllister et al. [45, 46] benutzen in einer ähnlichen Fragestellung einen Ansatz der multidisziplinären bzw. kollaborativen Optimierung zur Bestimmung von Rollsteifigkeits-, Gewichts- und aerodynamischer Abtriebsverteilung. Wloch und Bentley [47] finden mithilfe einer evolutionären Optimierung diejenigen Parameter, die die Rundenzeit im Vergleich zu einem von einem Experten gefundenen Setup nochmals reduziert. Eine ähnliche Arbeit basierend auf einem Vergleich von zwei multikriteriellen evolutionären Algorithmen wurde von Munoz et al. [48] veröffentlicht. In der auf einem Computerspiel basierenden Simulation werden neben der Rundenzeit auch die Höchstgeschwindigkeit, die gefahrene Distanz und die Beschädigung des Fahrzeuges als Objektivkriterien betrachtet. Ein evolutionärer Algorithmus wird auch von Cardamone et al. [49] zur Bestimmung der idealen Fahrlinie verwendet. Mühlmeier und Müller [50] betrachten darüber hinaus Parametervariationen von Fahrzeugmasse, Antriebsleistung, maximalem Haftreibungskoeffizient und Luftwiderstand um zu zeigen, dass die ideale Fahrlinie auch von Fahrzeugeigenschaften beeinflusst wird.

2.2 Objektivierung des Fahrverhaltens

Die Forderung, das Fahrverhalten von Kraftfahrzeugen objektiv zu beschreiben besteht schon seit 1940, als Rieckert und Schunk in ihrem Werk [51] das Einspurmodell zur Beschreibung des querdynamischen Verhaltens einführen. Das Bestreben lautet unverändert: Es werden objektive Kenngrößen gesucht, die das gewünschte Fahrverhalten beschreiben, um eine gezielte und effiziente Entwicklung von Fahreigenschaften betreiben zu können – auch schon bevor eine subjektive Bewertung erfolgen kann. Heißing [52] schlägt schon früh die Benutzung eines Simulationsprogramms zur Vorhersage und Bewertung des Fahrverhaltens vor und Lincke et al. [53] führen bereits 1973 Probandenversuche mit einem dynamischen Fahrsimulator durch. Zomotor et al. fassen die Ergebnisse aus 20 Jahren Forschung in [54, 55] zusammen. Sie kommen zu dem Schluss, dass es weiterhin offene Fragestellungen gibt, wie z.B. die Beschreibung des Übergangs in den Grenzbereich bei stationärer Kreisfahrt. Die von Becker herausgegebene Schriftenreihe [56 bis 58] beschäftigt sich hauptsächlich damit, welche Methoden in der Industrie bzw. Forschung verwendet werden um subjektiven Fahreindrücke in einer objektiven Form beschreibbar zu machen. Der Begriff Fahrbarkeit mit Bezug auf die Längs-, Quer- und Vertikaldynamik wird darin von Wolf et al. [59] erwähnt. Eine aktuelle Zusammenfassung bekannter Methoden zur Beschreibung und Objektivierung des Fahrverhaltens bis in den Grenzbereich kann der Arbeit von Pauwelussen [60] entnommen werden. Der Prozess der Objektivierung erfordert die Definition von objektiven und subjektiven Kenngrößen sowie die Einführung von Methoden, um Zusammenhänge zu analysieren und Korrelationen aufzustellen. Im Folgenden wird zunächst auf die bekannten Methoden und Anwendungen eingegangen, die größtenteils aus der Serienfahrzeugentwicklung stammen. Der Bezug zu Rennfahrzeugen bzw. zur Beschreibung des Fahrverhaltens im Grenzbereich folgt im Anschluss.

2.2.1 Fahrzeugtechnische Anwendungen

Das querdynamische Fahrverhalten bzw. Handling von Pkw hat in der Forschung zur Objektivierung eine wichtige Rolle. Um das Verständnis zwischen subjektiv empfundenem Fahreindruck und objektiven Eigenschaften herzustellen, führen Riedel und Arbinger [61, 62] eine Probandenstudie für die Forschungsvereinigung Automobiltechnik (FAT) durch. In der Studie, die mit professionellen Fahrern und Normalfahrern durchgeführt wird, wird ein Subjektivfragebogen entwickelt und fahrdynamische Kennwerte aus open-loop und closed-loop Fahrdaten, wie z.b. einer Landstraßenfahrt ermittelt. Die Studie kommt zu dem Schluss, dass insbesondere Zeitverzüge zwischen Lenkwinkel und Giergeschwindigkeit bzw. Querbeschleunigung sowie der Schwimmwinkel selbst einen Einfluss auf die Subjektivbewertung haben. Eine ähnliche Untersuchung ist von Chen [63] erschienen, in der ebenfalls der Einfluss von transienten Eigenschaften aus einem Lenkwinkelsprungmanöver auf die Subjektivbewertung hervorgehoben wird. Crolla et al. [64] finden mit dem gleichen subjektiven Datensatz allerdings nur eine bedingte Übereinstimmung, wenn die davon abweichende 4-Parametermethode zur Verknüpfung der Daten ausgewählt wird. Subjektive Akzeptanzgrenzen von Normal- und Expertenfahrern und Parametern einer Gierübertragungsfunktion werden von Weir und DiMarco [65] vorgestellt. Danach sollen Fahrzeuge eine möglichst hohe stationäre Gierverstärkung bei gleichzeitig niedriger Gierverzugszeit haben. Eine weitere Untersuchung bezogen auf den Frequenzbereich der Gierübertragungsfunktion wird von Hill [66] durchgeführt.

Viele Arbeiten verwenden fahrdynamische Kenngrößen, wie sie aus standardisierten Fahrmanövern abgeleitet werden können. Dazu zählen beispielsweise die stationäre Kreisfahrt nach ISO 4138 [67] sowie die transienten open-loop Fahrmanöver wie Lenkwinkelsprung oder sinusförmige Anregung, die in ISO 7401 [68] beschrieben werden. Auch längsdynamische Überlagerungen sind durch die ISO 7975 mit dem Bremsen in der Kurve [69] und in der ISO 9816 die Lastwechselreaktion während einer Kreisfahrt [70] genormt. Grundsätzlich sind diese Fahrmanöver auch ohne Fahrermodell der Simulation zugänglich. Anders bei dem Doppelspurwechsel bzw. Ausweichmanöver, die in ISO 3888-1 bzw. -2 [71, 72] definiert werden und die nichtlinearen transienten Eigenschaften des Fahrzeuges bewerten. Neben der Einfahrgeschwindigkeit als allgemein akzeptierter Kennwert werden durch Riedel et al. [73] weitere fahrdynamische Kennwerte vorgeschlagen. Data et al. [74] schlagen entgegen vor, aufgrund der starken Fahrerabhängigkeit lediglich die Subjektivbewertung für diese Tests aufzunehmen und eine Objektivierung anhand einer simulativen Methode vorzunehmen [75]. Für die Simulation dieser wie auch aller anderen Manöver im geschlossenen Regelkreis wird neben einem validen Fahrzeugmodell auch ein Fahrermodell benötigt. Es bestehen daher ähnliche Anforderungen wie für die in Abschnitt 2.1.3 gegebenen Quellen.

Die Fähigkeit des menschlichen Fahrers zur Adaption an das Fahrverhalten unterschiedlicher Fahrzeuge verwenden Apel und Mitschke [76] um eine Vorhersage der Subjektivbewertung mithilfe eines identifizierten Schnittfrequenz-Fahrermodells zu geben. Dabei kommen Sie zum Schluss, dass die Vorschauzeit T_p für eine gute Bewertung klein ausfallen muss. Darauf aufbauend stellt Henze [34] in einer größeren Studie mit mehreren Fahrzeugen fest, dass unter Anwendung eines Fahrermodells höhere Korrelationskoeffizienten erreicht werden können als bei einer Korrelation mit reinen Fahrzeugkennwerten. Grundsätzlich verändere sich das Fahrer-Fahrzeugsystemverhalten aber bei anspruchsvolleren Fahraufgaben hin zu höheren Schnittfrequenzen und geringeren Phasenreserven. Dies führt zu sich verändernden Steuerstrategien, die z.B. mithilfe von gewichteten multikriteriellen optimalen Regelungen – wie von Prokop [77] oder von Sharp [78] vorgeschlagen – erklärbar sein können aber bisher nicht experimentell bestätigt werden konnten. Die optimaltheoretische Modellierung des Fahrers und Identifikation von realen Spurwechselmanöver im Linearbereich wurde bereits durch Kraus [79] erfolgreich umgesetzt.

Schimmel [80] unterscheidet in kennwert-, fahrzeugmodell- und fahrermodellbasierte Methoden der Objektivierung, wobei sich kennwertbasierte Methoden auf die Messung von genormten Fahrmanövern beziehen. Mit einem Empfindungsmodell werden Messgrößen in quasi empfundene Signale übersetzt, die eine verbesserte Erklärbarkeit zu Subjektivbewertungen aufweisen sollen. Huneke [81] verwendet den fahrzeugmodellbasierten Ansatz und erreicht bereits mit weniger komplexen Fahrzeugmodellen gute Übereinstimmung mit Subjektivbewertungen für eine große Bandbreite an Manövern und Betriebspunkten. Eine Erklärung der Subjektivbewertung wird durch multiple Regression von modellbasierten Kennparametern aus open-loop Simulationen erreicht. Meyer-Tuve [82] verwendet ebenfalls einen modellbasierten Objektivierungsansatz zum Erstellen einer Wissensdatenbank mit den Fahrzeugvarianten, die mithilfe eines Forschungsfahrzeuges effizient erstellt werden konnten. Die Arbeit von Decker [83] zeigt einen kennwertbasierten Ansatz zur Objektivierung verschiedener querdynamischer Varianten eines Versuchsfahrzeuges mit open- und closed-loop Kennwerten. Er kommt zu dem Schluss, dass Unterschiede in Querbeschleunigung und Lenkmoment für den im Probandenversuch untersuchten Doppelspurwechsel besser korrelieren als die Gierreaktion des Fahrzeuges. Außerdem wird gezeigt, dass die Verknüpfung von mindestens zwei open-loop Kennwerten notwendig ist, um die Korrelationsgüte der aus Probandenversuchen bestimmte closed-loop Kennwerte zu erreichen.

Weitere Arbeiten mit dem speziellen Fokus auf einzelne Subsysteme bzw. Komponenten, wie z.B. Lenkung, Reifen oder aktive Systeme verwenden Teile dieser Methoden bzw. kombinieren Kennwerte aus unterschiedlichen Quellen um zu einem aussagefähigen Objektivkriterium zu gelangen. Dettki [84] schlägt zur Objektivierung des Geradauslaufverhaltens die gemeinsame Betrachtung von mehreren Kennwerten aus einer Landstraßenfahrt sowie dem open-loop Weave-Manöver vor. Barthelmeier [85] arbeitet mit Mittelwerten der jeweiligen erreichten Fahrzustände bei Fahrt auf Landstraße, Autobahn und in der Stadt und kommt zum Ergebnis, dass für unterschiedliche Teilkollektive der Probanden jeweils eine unterschiedliche Lenkradmomentengestaltung als gut empfunden wird. Die Objektivierung in der Reifenentwicklung wird von Gutjahr [86] diskutiert. Dazu erfolgt eine Wirkkettenanalyse von Reifen, Fahrzeug und Fahrer mit dem Ergebnis einer signifikanten Verknüpfung zwischen subjektiven Beurteilungskriterien und relevanten Fahrzeugbewegungsgrößen ohne eine genauere Benennung der durchgeführten Fahrmanöver. Na und Gil [87] schlagen außerdem für die Zielerreichung reifenbasierter querdynamischer Eigenschaften die Betrachtung von Verhältnissen der Kraftübertragungseigenschaften zwischen Vorder- und Hinterachse vor. Peckelsen [88] stellt in seiner Arbeit die für die Reifentwicklung wichtigen Zielkonflikte anhand unterschiedlicher globaler Fahrzeugeigenschaften wie Querdynamik, Rollwiderstand und Fahrkomfort dar. In der Arbeit von Stock [89] wird der Einfluss verschiedener Fahrwerkregelsysteme auf die subjektive Beurteilung des Handlings hauptsächlich mit der querdynamischen Übertragungsfunktion im linearen Betriebsbereich auf Basis von Fahrzeugmessungen erklärt. Dabei wird das gierdynamische Verhalten eines Sportwagens als Referenz für gutes Handling angenommen und jedes einzelne Regelsystem sowie die Kombination auf die Zielerreichung der einzelnen Kennwerte überprüft. Dem entgegen steht das von Bauer [90] entwickelte modellbasierte Verfahren zur Objektivierung des Applikationsprozesses von Bremsregelsystemen. Die Verwendung von Linearaktuatoren im Fahrwerk zur gezielten Variation von Fahreigenschaften wird von Kraft [91] untersucht. Die aus einer Probandenstudie erstellte subjektiv-objektiv Analyse zeigen hohe Korrelationskoeffizienten schon für einfache lineare Regressionen für das Wank-, Nick und Schwimmverhalten. Simmermacher [92] objektiviert die Beherrschbarkeit von Gierstörungen in Bremsmanövern anhand von Objektivdaten aus einer großen Probandenstudie die sowohl in der Realfahrt als auch am Fahrsimulator durchgeführt wurde und ermittelt Akzeptanzgrenzen für Gierstörungen, die sich für höhere Geschwindigkeiten verringern. Die Objektivierung des Fahrkomforts wird von Knauer [93] mit dem Fokus auf reale Fahrbahnen diskutiert, in der Ansätze der Relevanzfilterung zur Nachbildung des subjektiv empfundenen Fahrkomforts verwendet wird. Maier [94] entwickelt eine Methodik, die die Zeitsignale von antriebsstrangerregten Fahrzeugschwingungen in skalare Kennwerte überführt und erreicht damit ein Erklärungsmodell zwischen Fahrzeugschwingungen und subjektiv empfundenem Diskomfort.

2.2.2 Subjektivbewertung und Fahrerverhalten

Die Wichtigkeit des Subjektivurteils zur Bewertung und Freigabe von Fahrzeugen wird in einigen der bereits genannten Werke [63, 81, 82, 86] hervorgehoben. Bei der Subjektivbewertung von fahrdynamischen Eigenschaften gibt es im Gegensatz zu Fahrmanövern bisher keine standardisierte Vorgehensweise [95], aber Heißing und Brandl [96] geben eine umfangreiche Beschreibung von subjektiven Bewertungskategorien und Entwicklungszielen in der Fahrwerkentwicklung. Mitschke [9] sieht ein leicht kontrollierbares, vorhersehbares und störungsunempfindliches Fahrverhalten, das den Fahrer nicht überfordert, als Ziel der Fahrzeugabstimmung an. Bei dem Entwurf von Subjektivfragebögen spielen neben den abgefragten Kriterien auch die Zielgruppe der Befragten eine Rolle. Die Anpassung der Abfragekriterien zwischen Experten und Normalfahrern wird z.B. von Wolf [97] dargestellt. Bewertungssysteme für fahrdynamische Fragestellungen sind meist direkt ausgeführt und können uni- oder bipolare Skalen aufweisen [91]. Zudem wird meist eine Zahlen- Stufenskala zusammen mit einer zusätzlichen verbalen Beschreibung der Stufen bzw. deren Extremwerten verwendet. In der Fahrzeugentwicklung ist die zehnstufige Skala verbreitet, die z.B. in zwei Schritten zu halben bzw. Viertelnoten weiter differenzieren kann [96]. Harris et al. [98] beschreiben die Entwicklung einer neuartigen multidimensionalen Bewertungsskala, die an die Bewertung von Flugzeugsystemen [99 bis 101] angelehnt ist und dort auch die Erscheinungen im Grenzbereich, wie z.b. den Kontrollverlust, beachten, die bei Serienfahrzeugen außer in kritischen Fahrsituationen [92] nicht vorkommen. Eine ähnliche Skala zur Störungsbewertung wird auch von Neukum und Krüger [102] für die Bewertung von Akzeptanzgrenzen verwendet. Die zusätzliche Bewertung einer quasiobjektiven Wahrnehmung ermöglicht laut Decker [83] eine differenziertere Beurteilung durch den Probanden.

Neben der Frage des Vorgehens für die Subjektivbewertung kommen weitere Erkenntnisse aus der Forschung zum Fahrerverhalten hinzu, die zum grundsätzlichen Verständnis von Normal- und auch Rennfahrern beitragen. Krüger et al. [103] stellen einen negativen Zusammenhang zwischen Fahrerbeanspruchung und subjektiver Bewertung der Fahrdynamik fest. Es wird daher erwartet, dass fahrdynamische Änderungen an einem Fahrzeug, die zur Entlastung des Fahrers beitragen, positiv bewertet werden. Bergholz et al. [104] objektivieren das Fahrerleistungsvermögen mit Kennwerten, die das Spurhaltevermögen aus Probandenversuchen beschreiben. Pion et al. [105] identifizieren messdatenbasiert den Fahrstil, die Fahrstrategie und das Fahrerleistungsvermögen zur Adaption von Spurhalteassistenzsystemen. Im Beitrag von Stock et al. [106] wird deutlich, dass das Auflösungsvermögen von Normalfahrern hinsichtlich fahrdynamischer Änderungen am Fahrzeug unterschiedlich groß ausfällt. Während Gieransprechzeit und Wankverhalten feinfühliger aufgelöst werden, ist die Veränderung des Schwimmwinkels deutlich schwieriger wahrnehmbar. Die Analyse der Blickführung eines Rennfahrers führen Land und Tatler [107] mit dem Ergebnis, dass der tangentiale Punkt an die Krümmung der Fahrbahninnenseite als Referenzpunkt wahrgenommen wird, wobei ein Großteil der Bewegung durch die Drehung des Fahrerkopfs zustande kommt.

2.2.3 Fahreigenschaften im Grenzbereich

Die nichtlinearen Kraftübertragungseigenschaften zwischen Reifen und Fahrbahn haben eine Veränderung der Fahreigenschaften mit zunehmender Auslastung zur Folge [9, 108, 109]. Da der Betrieb in der Nähe des Grenzbereichs oft eine regelnde Tätigkeit notwendig macht, basieren Veröffentlichungen häufig auf der Definition von closed-loop Kennwerten. Law et al. [110, 111] entwickeln eine Methode, mit der Über- und Untersteuerevents in realen Rennfahrzeugdaten identifiziert werden können, um den Setupprozess zu unterstützen. Kegelmann et al. [112] analysieren öffentlich verfügbare Rennstreckendaten von historischen Rennfahrzeugen, und identifizieren mit Kennwerten, wie Sektor- und Rundenzeit, gefahrener Distanz und Krümmung, deutlich voneinander abweichende Fahrstrategien, die aber zu sehr ähnlichen Rundenzeiten führen. In der stationären Kreisfahrt nach ISO4138 [67] wird der nichtlineare querdynamische Bereich zwar angefahren, Kennwerte für die Betrachtung des stationären Grenzbereichs werden allerdings nicht angegeben. Huneke [81] berechnet auch im nichtlinearen Teil die Lenk- bzw. Schwimmwinkelgradienten, weißt aber gleichzeitig darauf hin, dass bei längerem Fahren im Grenzbereich die Veränderung der Reifentemperatur Einfluss auf die Reproduzierbarkeit und Validität der Kennwerte haben kann. Im Bereich des Haftungslimits beeinflusst auch die Längskraft die Seitenführungseigenschaften des Reifens, wie schon früh durch Kamm und die Modellvorstellung des Kamm'schen Kreis erklärt wurde [31]. Damit haben auch die Antriebstopologien, wie Frontantrieb, Heckantrieb oder Allradantrieb einen relevanten Einfluss auf die querdynamischen Eigenschaften [9]. Für die Bewertung des fahrdynamischen Grenzbereichs haben sich zur anschaulicheren Darstellung mehrere grafische Methoden etabliert [60]. Das Handling-Diagramm von Pacejka [113] betrachtet die Differenz der vorderen und hinteren Achsseitenkraft vs. Achsschräglaufcharakteristik und ermittelt so die stationären Gleichgewichtslagen, von denen es im Grenzbereich mehrere geben kann. Für das Handling Diagramm in Abbildung 2.7 ist das Fahrzeug im Linearbereich untersteuernd und im Grenzbereich übersteuernd, da das Querkraftpotenzial der Vorderachse höher liegt als das der Hinterachse. Die im Diagramm verwendeten Definitionen für Unter- bzw. Übersteuern beziehen sich auf die Gradienten der Schräglaufwinkeldifferenz $\alpha_1 - \alpha_2$. Mehrere gebräuchliche mathematische Definitionen für Unter- bzw. Übersteuern werden z.B. durch Pauwelussen [60] zusammengefasst.

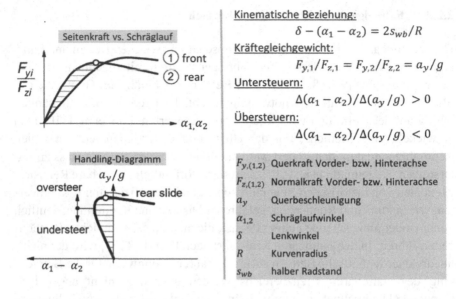

Abbildung 2.7: Handling-Diagramm (modifiziert von [113]) und Erläuterungen zu den dargestellten Beziehungen

In dem in Abbildung 2.8 dargestellten Milliken-Moment-Diagramm (MMD) [1, 114] wird neben der Querbeschleunigung auf der x-Achse (im Diagramm als Querkraftkoeffizient C_F dargestellt) auch das Giermoment auf der y-Achse (im Diagramm als Giermomentenkoeffizient C_M dargestellt) betrachtet, es werden also Informationen von beiden Bewegungsgleichungen des Einspurmodell dargestellt. Für eine beliebige Kombinationen von Lenk- und Schwimmwinkel sagt das MMD aus wie hoch das resultierende Giermoment und die Querbeschleunigung ist. Es ermöglicht also grundsätzlich auch nicht-balancierte Zustände in der Betrachtung. Das g-g-Diagramm [1], das bereits in Abbildung 2.5 vorgestellt wurde, ist eine Betrachtungsweise der kombinierten, längs- und querdynamischen Fahrzeugausnutzung, die allerdings keine Information zu kinematischen Zuständen, wie Giergeschwindigkeit oder Schwimmwinkel enthält.

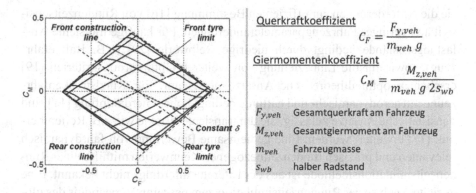

Abbildung 2.8: Milliken Moment Diagramm aus [60] und Erläuterung von C_F, C_M

Die „*Map of Achievable Performance (MAP)*" ist eine von Guiggiani [115] vorgestellte Betrachtungsweise, die ähnlich des Handling-Diagramms balancierte Querbeschleunigungen und dazugehörige kinematischen Zustände beschreibt. Es hat den Vorteil, durch die Ausdehnung der vier Begrenzungen, die das Diagramm definieren, eine anschauliche Unterscheidung von Fahrzeugsetups möglich zu machen. Auch im Bereich der Stabilitätsregelsysteme gibt es für den transienten Betrieb nahe des Grenzbereichs grafische Methoden, wie z.B. die von Vietinghoff [116] verwendete Zustandsebene (*Phase-Plane-Diagram [60]*), die für ein gegebenes Zustandspaar eines nichtlinearen Systems mit 2 Freiheitsgraden die zukünftige Trajektorie berechnen und so eine modellbasierte Stabilitätsabschätzung abgeben können. Allen grafischen Methoden ist gemeinsam, dass für eine Optimierung die Überführung in numerische Kennwerte notwendig ist.

2.3 Fazit und Untersuchungsbedarf

Optimaltheoretische und quasistatische Ansätze ermöglichen eine präzise [3] Berechnung der minimalen Rundenzeit unter vollständiger Ausnutzung des Fahrzeugbeschleunigungspotenzials und exakter Spurführung. Damit erfüllen sie die Anforderungen zur effizienten Bestimmung [16] von Rundenzeitsensitivitäten geringer Fahrzeugparameteränderungen. Für häufige transiente Auslastungszustände bedingt durch niedrige Reibwerte [29] (z.B. Rallyefahrzeug), sowie für die Einbeziehung von weiteren Optimierungskriterien [19] erscheinen optimaltheoretische Ansätze geeigneter. Für Rundstreckenfahrzeuge mit aerodynamisch- und haftungsbedingt hoher Gierdämpfung [11] sind quasistatische Ansätze zulässig, die um transiente Effekte wie z.B. Reifenthermik [17] erweitert wurden. Eine gemeinsame Bewertung von fahrdynamisch relevanten und präzisen rundenzeitbezogenen Kennwerten mithilfe einer Rundenzeitsimulationsmethode ist aus der Literatur allerdings nicht bekannt. Eine gezielte Analyse der Rundenzeitsimulation zum besseren Verständnis des globalen Kennwerts Rundenzeit und der Berücksichtigung von fahrdynamischen Informationen scheint daher notwendig. Weiterhin gibt es kaum Informationen darüber, ob die von der Rundenzeitsimulation bestimmten Fahrzustände und Rundenzeiten von einem realen Fahrer erreicht werden können bzw. wie groß die Abweichungen dazwischen sind.

Darüber hinaus scheint es notwendig, ein subjektives Bewertungsschema zu entwickeln, dass an typische Fahrsituationen für den Rennstreckenbetrieb angepasst ist. Die Bewertung der Beherrschbarkeit des Fahrzeuges [101] sowie der quasiobjektiven Wahrnehmung von Fahreigenschaften [83] müssen auf den Zusammenhang zu fahrdynamischen Kennwerten und der Rundenzeit hin überprüft werden, um den Einfluss von Setupänderungen zu objektivieren.

3 Grundlagen

In der Entwicklung der Gesamtfahrzeugperformance von Rennfahrzeugen wird der klassische Rennstreckentest durch Fahrsimulatoren bzw. Rundenzeitsimulation mit den beschriebenen Vorteilen der frühen und effizienten Performancevorhersage erweitert. Da der Fokus dieser Arbeit auf der virtuellen Vorhersage von Rundenzeit und Fahrbarkeit liegt, ist insbesondere der Aufbau der Rundenzeitsimulation, des Fahrsimulators bzw. der dort verwendeten Fahrzeugmodelle von Interesse.

3.1 Erweiterte quasistatische Rundenzeitsimulation

Um transiente Effekte auch der numerisch effizienten qs-Rundenzeitsimulation (siehe Abschnitt 2.1.1) zugänglich zu machen, wurde von Völkl [3] eine Erweiterung der Methode vorgeschlagen. In Abbildung 3.1 wird der Berechnungsablauf erläutert. Zuerst wird eine qs-Startlösung mit einer vereinfachten Berechnung des Haftpotenzials erzeugt. Der resultierende Geschwindigkeitsverlauf und weitere relevante Fahrzustände werden an ein dynamisches Fünf-Massen Fahrzeugmodell übergeben (siehe Abbildung 3.3 in Abschnitt 3.2.).

Dieses Modell wird entlang der gegebenen Streckentrajektorie mit der vorgegebenen Geschwindigkeit geführt. Das Ergebnis dieses Berechnungsschrittes sind die Beschleunigungspotenziale des Fahrzeuges, die aufgrund der Geschwindigkeitsvorgabe maximal möglich sind. Diese Haftpotenziale unterscheiden sich von den in der Startlösung berechneten darin, dass nun Effekte wie das thermische Reifenverhalten, die Radlastdynamik des Fünf-Massenmodells und längsdynamische Eigenschaften wie z.B. transientes Motorverhalten berücksichtigt werden. Die dynamischen Haftpotenziale werden im nächsten Schritt dazu benutzt die qs-Lösung erneut zu berechnen. Das Verfahren wird iterativ so lange wiederholt, bis die Geschwindigkeitsdifferenz zweier benachbarter Iterationen unter eine definierte Toleranzgrenze fällt.

Springer Fachmedien Wiesbaden GmbH, ein Teil von Springer Nature 2021
F. Goy, *Objektivierung der Fahrbarkeit im fahrdynamischen Grenzbereich von Rennfahrzeugen*, Wissenschaftliche Reihe Fahrzeugtechnik Universität Stuttgart, https://doi.org/10.1007/978-3-658-36048-1_3

Die Simulation des dynamischen Fahrzeugmodells unterscheidet sich in dieser Methode von den meisten bekannten Methoden darin, dass die Fahrzeuggeschwindigkeit v_{qs} und die Fahrlinie $\kappa(s)$ Modelleingänge darstellen, wohingegen diese Größen üblicherweise Modellausgänge bzw. Ergebnisse der Beschleunigungsintegration sind.

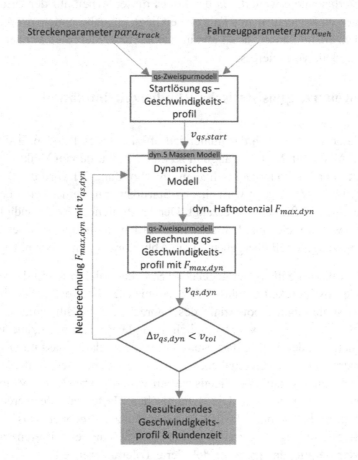

Abbildung 3.1: Berechnungsverlauf erweiterte quasistatische Rundenzeitsimulation (eqs)

Neben dem Reifenmodell müssen für diesen Modellierungsansatz auch weitere Modellteile invers formuliert werden, um den notwendigen Ausgängen – und damit Eingängen in den qs-Teil – gerecht zu werden. Betrachtet man z.B.

das Motor- und Getriebemodell, muss aus der Geschwindigkeitsvorgabe und weiteren Eingangszuständen berechnet werden können, wie hoch das maximale Antriebsmoment am Rad sein kann. Die notwendigen Fahrersteuergrößen, wie die Fahrpedalstellung muss dann ebenfalls invers bestimmt werden. Weitere Fahrzeugsteuergrößen wie Lenkradwinkel und Bremspedalstellung ergeben sich ebenfalls aus einer Rückwärtsberechnung und sind somit optionale Ausgabegrößen.

3.2 Fahrdynamikmodell

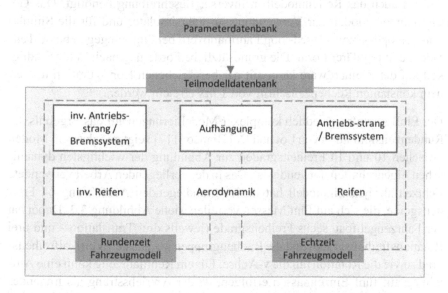

Abbildung 3.2: Teilmodell- und Parameterdatenbank

Die Eingangsgrößen in das Fahrzeugmodell für die Rundenzeitsimulation sind die vorgegebenen geometrischen Eigenschaften der Fahrlinie, also die Krümmung $\kappa(s)$ sowie das Vertikalprofil abhängig von der zurückgelegten Distanz. Das Modell für die Open-Loop-Simulation und zur Anwendung im Fahrsimulator wird hingegen mit den Fahrersteuerungen wie Lenkwinkel, Fahr- und Bremspedalstellung als Eingang betrieben. Daher können beide Modelle in ihrem Aufbau nicht identisch sein.

Die Modelle sind daher nach einem modularen Prinzip aufgebaut, siehe Abbildung 3.2. Alle Teilmodelle sind parametrisch aufgebaut, so dass relevante Fahrzeugkonfigurationen und -klassen abgebildet werden können. Aus einer zentralen Parameterdatenbank können die Teilmodelle parametriert werden. In der Modelldatenbank können durch einheitliche Schnittstellen die jeweils notwendigen Modellteile zu einem Gesamtfahrzeugmodell zusammengesetzt werden. Die einzelnen Teilmodelle sind in klar voneinander abgrenzbare Subsysteme bzw. Komponenten aufgeteilt. Im Antriebsstrangmodell sind alle Teile abgebildet, die ein Antriebsmoment an den Rädern stellen können, also z.B. Antriebsmaschinen und Getriebe. Für das Gesamtfahrzeugmodell zur Verwendung in der Rundenzeitsimulation wird sowohl das Antriebsstrangmodell als auch das Reifenmodell in inverser Beschreibung benötigt. Das Gesamtfahrzeugmodell zur Verwendung im Fahrsimulator und für die Simulation von open- bzw. closed-loop Fahrmanövern benötigt hingegen beide Teilmodelle in regulärer Form. Die grundsätzliche Forderung nach Echtzeitfähigkeit auf der Zielhardware kann mit der beschriebenen Konfiguration und einem konstanten Rechenzeitschritt von 1 ms erreicht werden.

Der Einfluss unterschiedlich komplexer Modellierungen auf das Ergebnis der Rundenzeitsimulation von Lot und Dal Bianco [117] zeigt auf, dass ein Modell zwischen 10 und 14 Freiheitsgraden zur Abbildung der wichtigsten dynamischen Eigenschaften notwendig ist. Das in der vorliegenden Arbeit verwendete Echtzeitfahrdynamikmodell hat in der grundlegenden Ausführung 14 Freiheitsgrade, die sich auf fünf Massen verteilen, siehe Abbildung 3.3. Dabei hat der Fahrzeugaufbau sechs Freiheitsgrade (jeweils drei Translations- und drei Rotationsfreiheitsgrade) und die Radbaugruppen jeweils den Vertikalfreiheitsgrad sowie die Rotation um die y-Achse. Für ein Rennfahrzeug kann eine Aufteilung auf fünf Einzelmassen erfolgen, da der Antriebsstrang als tragendes Element fest mit der Fahrersicherheitszelle verbunden ist. Für Serienfahrzeuge typische Gummilagerelemente für Fahrwerksteile bzw. Motorlagerung finden sich in Rennfahrzeugen der betrachteten Kategorien praktisch nicht, da Eigenschaften wie Fahrkomfort und Geräuschisolierung keine Rolle spielen. Elastizitäten im Fahrwerk sind aus diesem Grund deutlich geringer als bei Serienfahrzeugen. Das Fahrzeugmodell ist programmtechnisch in der Umgebung MATLAB Simulink umgesetzt und entspricht der Konvention nach ISO8855

[118]. Es entspricht daher in den wesentlichen Eigenschaften weiteren litera-
turbekannten Fahrzeugmodellen [9, 119] bzw. ist im speziellen dem in Völkl
[3] präsentierten Modell sehr ähnlich.

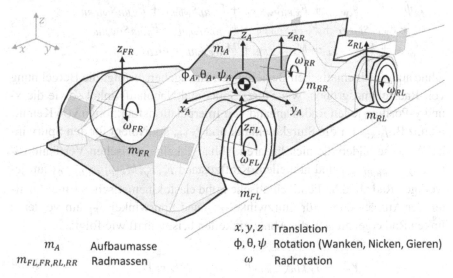

		x, y, z	Translation
m_A	Aufbaumasse	ϕ, θ, ψ	Rotation (Wanken, Nicken, Gieren)
$m_{FL,FR,RL,RR}$	Radmassen	ω	Radrotation

Abbildung 3.3: Fünf-Massen Fahrzeugmodell mit 14 Freiheitsgraden

Die wichtigsten Zusammenhänge werden aufgrund nachfolgender Ausführungen dennoch kurz erläutert. Die Kraft- und Momentengleichgewichte für
Längs-, Quer- und Gierbeschleunigung $a_x, a_y, \ddot{\psi}$ im Fahrzeugschwerpunkt des
Fahrzeugkoordinatensystems setzen sich jeweils aus den Kräften $F_{x,y,...}$ und
Momenten $M_{z,...}$ in den Radmittelpunkten aller vier Räder (FL, FR, RL, RR),
den am Aufbau wirkenden Kräften und Momenten sowie geometrischer Fahr-
zeuggrößen der halben Spurweite s_{tw} und des halben Radstandes s_{wb} zusammen (Gl. 3.1 - Gl. 3.3). Die Kraft- und Momentengleichgewichte für Vertikal-
, Nick- und Wankbeschleunigung ergeben sich äquivalent. Die Bewegungsgleichungen ergeben sich durch zeitliche Integration der aufgeführten Beschleunigungen.

$$ma_y = F_{y,FL} + F_{y,FR} + F_{y,RL} + F_{y,RR} \qquad \text{Gl. 3.1}$$

$$ma_x = F_{x,FL} + F_{x,FR} + F_{x,RL} + F_{x,RR} + F_{x,aero}$$

Gl. 3.2

$$\begin{aligned} I_z\ddot{\psi} &= F_{x,FL}s_{tw,Fl.} + F_{x,FR}s_{wb,FR} + F_{x,RL}s_{wb,RL} + F_{x,RR}s_{wb,RR} \\ &+ F_{y,FL}s_{tw,FL} + F_{y,FR}s_{tw,FR} + F_{y,RL}s_{tw,RL} + F_{y,RR}s_{tw,RR} \\ &+ M_{tire,z,FL} + M_{tire,z,FR} + M_{tire,z,RL} + M_{tire,z,RR} \end{aligned}$$

Gl. 3.3

Ohne auf die kinematischen Beziehungen einzugehen, erfolgt die Berechnung von Radstellungsgrößen, wie Sturz- Spur- und Nachlaufwinkel sowie die x- und y-Position jeden Rades anhand von Interpolationsfunktionen von Kennlinien, z.B. $f_{\gamma,kin}$ für die Sturzkinematik und $f_{\delta,kin}$ äquivalent für den Spurwinkel δ. Diese bilden die nichtlinearen Abhängigkeiten zwischen Vertikalposition $s_{z,(FL,FR,RL,RR)}$ und aktuellem Kraftzustand $F_x, F_y, M_{z,(FL,FR,RL,RR)}$ am jeweiligen Rad ab, d.h. die kinematischen und elastokinematischen Eigenschaften der Aufhängung. Für Sturzwinkel γ_{FL} und Spurwinkel δ_{FL} am vorderen linken Rad ergeben sich die Abhängigkeiten beispielhaft wie folgt:

$$\gamma_{FL} = f_{\gamma,kin}\big(s_{z,FL}, F_{x,FL}, F_{y,FL}, M_{z,FL}\big)$$

Gl. 3.4

$$\delta_{FL} = f_{\delta,kin}\big(s_{z,FL}, F_{x,FL}, F_{y,FL}, M_{z,FL}\big)$$

Gl. 3.5

Eine Besonderheit von Rennfahrzeugen sind die Anordnung bzw. Verschaltung unterschiedlicher Kraftelemente, wie Federn und Dämpfer, die häufig innerhalb des Chassis angebunden werden, z.B. um einen ungehinderten Luftstrom im Bereich der Aufhängung zu ermöglichen [4, 6]. Der Radhub wird dann mit Schub/Zugstangen und Umlenkhebel auf die Kraftelemente umgeleitet. Das Modell bietet eine generische Anordnung sowohl der Kraftelemente als auch der außen- und innenliegenden Kinematik mit kennlinienbasierten Übersetzungsverhältnissen.

Die Modellierung der wichtigsten aerodynamischen Kräfte für Luftwiderstand $F_{x,aero}$ und Abtrieb $F_{z,aero}$ erfolgt mithilfe der Koeffizienten für Längs- und Vertikaleinfluss c_x, c_z, sowie der angeströmten Fläche A, der Luftdichte ρ_{air} und der Strömungsgeschwindigkeit v zu:

$$F_{x,aero} = 0.5\, c_x \rho_{air} A v^2$$

Gl. 3.6

$$F_{z,f,aero} = 0.5 \, c_{z,f} \rho_{air} A v^2 \qquad \text{Gl. 3.7}$$

$$F_{z,r,aero} = 0.5 \, c_{z,r} \rho_{air} A v^2 \qquad \text{Gl. 3.8}$$

Anstelle der gesonderten Definition von Abtrieb und Moment um die y-Achse werden aus praktischen Gründen zwei Vertikalkraftanteile $F_{z,f,aero}$ und $F_{z,r,aero}$ definiert. Die aerodynamischen Koeffizienten sind abhängig von der vorderen und hinteren Fahrhöhe, dem vorderen Lenkeinschlag und weiteren fahrdynamischen Zuständen wie Roll- und Schwimmwinkel.

Das Antriebsstrangmodell besteht aus einer kennlinienbasierten Abbildung des Verbrennungsmotors, der über Getriebe und mechanisches Sperrdifferential auf die Hinterachse wirkt. Optional kann für ein hybridisiertes Fahrzeug ein vorderer elektrischer Antriebsstrang aktiviert werden, der wahlweise über einen Batterieelektrischen oder einen Drehmassenspeicher mit Energie versorgt wird. Die in LMP1 Fahrzeugen zulässigen Traktionskontrollsysteme sind über eine Software-in-the-Loop (SIL) Modellierung integriert und können vom Fahrer während des Betriebs in verschiedenen Stufen eingestellt werden. Die Lenkung wird im Fahrdynamikmodell über das in Pfeffer [120] dargestellte Lenkungsmodell – je nach Fahrzeug [121] entweder elektromechanisch oder hydraulisch – umgesetzt.

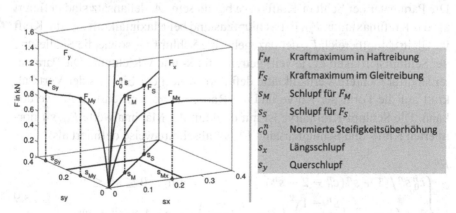

Abbildung 3.4: Schlupf-Kraft Verhalten (nach TMeasy) [3]

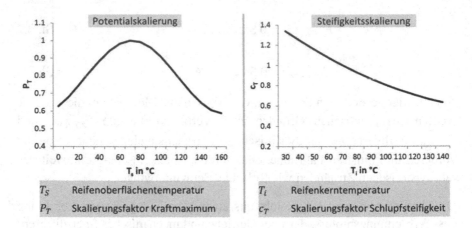

| T_S | Reifenoberflächentemperatur | T_i | Reifenkerntemperatur |
| P_T | Skalierungsfaktor Kraftmaximum | c_T | Skalierungsfaktor Schlupfsteifigkeit |

Abbildung 3.5: Thermische Erweiterung für TMeasy für die Anpassung von Schlupfsteifigkeit und Kraftmaximum (modifiziert von [3])

Das stationäre Schlupf-Kraftverhalten des verwendeten Reifenmodell ist an die Modellierung des von Hirschberg und Rill eingeführten TMeasy [122, 123] angelehnt und hat eine Erweiterung für die Abbildung transienter thermischer Effekte mit Einfluss auf Schräglaufsteifigkeit und Kraftmaximum [124] sowie einer Einlaufdynamik, siehe Abbildung 3.4 und Abbildung 3.5.

Die Parameter der Schlupf-Kraftkurve bei diesem Modellansatz sind definiert als das Kraftmaximum F_M, der Schlupfzustand bei Maximalkraft s_M, die Kraft im Gleitschlupfbereich F_S, der dazugehörige Schlupf s_S, sowie die Skalierung der Schlupfsteifigkeit c_0^n, jeweils getrennt für x- und y-Richtung. Die Parameter sind für mehrere Vertikalkräfte definiert, womit der Einfluss der Vertikalkraft auf die Form der Kurve und die Radlastdegression dargestellt werden kann. Die Schlupf-Kraftkurve ist mit dem auf die Maximalwerte F_M, s_M normierten Kraft- und Schlupfzustand F^n, s^n abschnittsweise definiert als:

$$
F^n =
\begin{cases}
c_0^n s^n / (1 + s^n (c_0^n - 2 + s^n)) & \text{für} \quad 0 \le s^n \le 1 \\
1 - (1 - F_S^n)\left(\dfrac{s^n - 1}{s_S^n - 1}\right)^2 \left(3 - 2\dfrac{s^n - 1}{s_S^n - 1}\right) & \text{für} \quad 1 < s^n < s_S^n \\
F_S^n & \text{für} \quad s^n \ge s_S^n
\end{cases}
\qquad \text{Gl. 3.9}
$$

Das Modell kann sowohl als open-loop Simulation z.B. als Analysewerkzeug auf einem normalen Desktoprechner, als auch in einer Echtzeitumgebung äquivalent verwendet werden. Die Reifen-Fahrbahn Interaktion und die Simulation der Umgebung erfolgt dann durch die Software VIDriveSim$^{©}$ von VIgrade [36].

3.3 Fahrsimulator

Ansicht Fahrzeugchassis + Leinwand   Ansicht Cockpit

Abbildung 3.6: Statischer LMP1 Fahrsimulator von Audi Motorsport

Im Motorsport haben sich Fahrsimulatoren als Entwicklungswerkzeuge etabliert [125 bis 127] um den kurzen Entwicklungszyklen und den strikten Testbeschränkungen gerecht zu werden. Neben dem Fahrertraining ist der Haupteinsatzzweck die Vorauswahl von Fahrzeugkonfigurationen hinsichtlich der Fahrbarkeit in einer kontrollierten Modellumgebung. Neben den eventbezogenen Vorbereitungen können mit Fahrsimulatoren auch Konzeptuntersuchungen kosten- und zeiteffizient durchgeführt werden.

In Abbildung 3.6 ist der statische Fahrsimulator von Audi Motorsport dargestellt, der für einen Teil der Untersuchungen benutzt wurde. Dieser Fahrsimulator besteht aus einem realen Cockpit eines Audi LMP1 Fahrzeuges sowie aus einer zylindrischen Leinwand, die den gesamten Sichtbereich des Fahrers abdeckt. Das visuelle System verwendet 120Hz Projektionstechnik und eine

VIGraphSim Grafikumgebung der Firma VI-grade[1] [36]. Das Fahrzeugmodell sowie alle Software-in-the-Loop Modelle werden mit iHawk™ Echtzeithardware der Firma Concurrent Real-Time[2] simuliert. Das Lenkungsfeedback kann die gemessenen Lenkmomente des realen Fahrzeuges vollständig nachstellen. Eine naheliegende Erweiterung zu einem statischen Fahrsimulator ist ein dynamischer Fahrsimulator. Dieser kann mithilfe einer Bewegungsplattform einen Teil der Fahrzeugbewegungsgrößen nachstellen und dem Fahrer damit ein zusätzliches Feedback zu den Fahrzuständen liefern. Dies ist für die Bewertung des fahrdynamischen Grenzbereiches insbesondere dann hilfreich, wenn der Fahrer auf instabile Fahrzustände reagieren muss, da die Veränderung des Schwimmwinkels nicht nur optisch durch die Visualisierung, sondern auch vestibulär über die Bewegungsplattform wahrgenommen werden kann. Typische Bewegungssysteme sind in ihrer dynamischen Leistungsfähigkeit dennoch insoweit begrenzt, dass nur ein Bruchteil, der tatsächlich auftretenden Längs- und Querbeschleunigung nachgestellt werden kann. Die Fähigkeit vom Fahrer einen Transfer zwischen virtueller und tatsächlicher Realität herzustellen, wird daher auch bei Vorhandensein eines dynamischen Fahrsimulators verlangt.

Verschiedene kommerzielle Lösungen solcher Systeme sind mittlerweile verfügbar [128, 129]. Auch Audi Motorsport verfügt über einen dynamischen Fahrsimulator [130], der zum Zeitpunkt der Untersuchung allerdings noch nicht zur Verfügung stand.

---

[1] Siehe auch: https://www.vi-grade.com/

[2] Siehe auch: https://www.concurrent-rt.com/

4 Methode zur Objektivierung von Fahrbarkeit und Rundenzeit

Für Rennfahrzeuge liegt das hauptsächliche Entwicklungsziel darin, die Rundenzeit unter den gegebenen technischen Randbedingungen zu minimieren. Dabei muss das Fahrzeug es dem Fahrer ermöglichen, niedrige Rundenzeiten kontinuierlich und über einen längeren Zeitraum – im Falle eines 24h Rennens über mehrere Stunden hinweg – zu erreichen. Voraussetzung dafür ist eine ausreichend gute Fahrbarkeit, die z.B. durch Eigenschaften wie Fahrzeugbalance, Stabilität und Kontrollierbarkeit beschrieben werden kann.

Abbildung 4.1 zeigt ein als ideal angenommenes Vorgehen zum Bestimmen der optimalen Fahrzeugeigenschaften hinsichtlich Rundenzeitperformance und Fahrdynamik. Mit fortschreitender Entwicklungszeit findet ein kontinuierlicher Übergang von der Simulation hin zur Realität statt. Die Anzahl der möglichen Fahrzeugeigenschaften bzw. -konzepte ist anfangs groß und muss auf Basis simulativer Vorhersagen bzw. Erfahrungswerte eingeschränkt werden, bevor die Bewertung durch einen Fahrer erfolgen kann. Dabei liefert die Rundenzeitsimulation im aktuell bekannten Prozess die Information der theoretisch minimalen Rundenzeit $t_{lap,theo}$ und Rundenzeitsensitivität für eine gegebene Kombination von Fahrzeugparametern $para_{veh}$ und Streckenparametern $para_{track}$. Sobald ein Fahrer in den Prozess involviert ist, sind Bewertungen von Fahrzeugeigenschaften nur noch in „Echtzeit" möglich, wohingegen Simulationen auch parallel ausgeführt werden können, und daher nur aufgrund der zur Verfügung stehenden Rechenleistung begrenzt werden.

Kompromisse zwischen theoretisch erreichbarer Rundenzeit und Fahrbarkeit müssen idealerweise schon in den frühen – rein virtuellen – Schritten sichtbar sein, um eine zielgerichtete Reduktion von Fahrzeugkonfigurationen vornehmen zu können. Umso genauer die Abhängigkeit zwischen objektiv ermittelbaren Größen und der Fahrbarkeit bekannt ist, umso stärker kann die Menge möglicher Fahrzeugkonfigurationen reduziert werden. Als vorgelagertes Element zum Realbetrieb wird ein Fahrsimulator eingesetzt, um die rein virtuell ermittelten Fahrzeugkonfigurationen mit einem realen Fahrer auf Plausibilität hin zu überprüfen und eine Grundabstimmung für den Beginn des Rennstreckenbetriebs festzulegen. Die finale Abstimmung findet mit einer geringen Anzahl an möglichen Konfigurationen im Rennstreckenbetrieb statt, der in den meisten professionellen Rennserien zeitlich eingeschränkt ist. Dieses Schema ist neben der Konzeptentwicklung auch auf Test- und Rennveranstaltungen übertragbar. Im Idealfall wird ein Großteil der Fahrzeugkonfiguration in der virtuellen Umgebung vorher abgesichert, um die Notwendigkeit von Iterationen zu reduzieren.

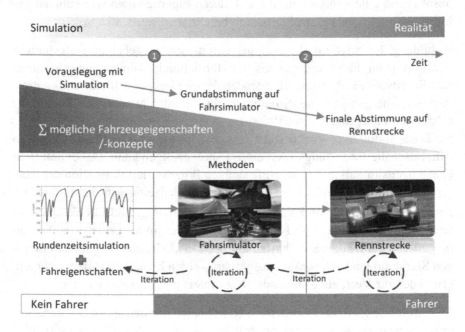

Abbildung 4.1:   Ideales Vorgehen zum Bestimmen der optimalen Fahrzeugkonfiguration

Die Herausforderung einer objektiven Bewertung des Fahrverhaltens von Rennfahrzeugen liegt in der Betrachtung der für die Fahrbarkeit relevanten Fahrsituationen und -zuständen, denn:

■   die Beschleunigungsgrenzen verändern sich aerodynamisch bedingt ständig abhängig von der Fahrgeschwindigkeit

- es treten durch den typischen Ablauf von Bremsen, Kurvenfahren und Beschleunigung fast ausschließlich längs- und querdynamisch kombinierte Fahrzustände auf

- die individuelle Abfolge von Kurven bzw. Kurvenradien ist für jede Rennstrecke unterschiedlich, d.h. die Betriebspunkte haben eine große Spreizung

Eine auf diese Randbedingungen angepasste Strategie zur Berechnung objektiver Kennwerte muss daher sowohl die Strecke als auch das Fahrzeug berücksichtigen, siehe Abbildung 4.2. In einem ersten Schritt wird daher betrachtet, wie Strecken-Fahrzeugkennwerte berechnet werden können. In Abschnitt 4.2 wird darauf aufbauend ein Fragebogen zur Subjektivbewertung entwickelt. In Kapitel 5 wird die vorgestellte Methode exemplarisch angewendet.

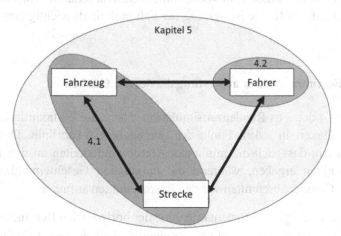

Abbildung 4.2: Fahrer-Fahrzeug-Strecken Beziehung mit Verweis auf behandelnde Abschnitte

4.1 Strecken-Fahrzeugkennwerte

In der Rundenzeit spiegeln sich die Eigenschaften von Fahrer, Fahrzeug und Strecke wider – im Gegensatz zu open-loop Fahrzeugeigenschaften ist die

Rundenzeit ein Fahrer-Strecken-Fahrzeugkennwert. In der virtuellen Betrachtung mit einer qs-Rundenzeitsimulation bzw. einer Methode der Optimalsteuerung wird das Fahrzeug definitionsgemäß am fahrdynamischen Limit bewegt (Abschnitt 2.1.1 und 2.1.2). Da von dem virtuellen Fahrer in diesem Fall keine Varianz ausgeht, wird für die hier vorgestellte Betrachtungsweise die Bezeichnung Strecken-Fahrzeugkennwert eingeführt.

Die Verwendung von Kennwerten, die mithilfe eines Rundenzeitsimulationsansatzes berechnet werden – und sich damit sowohl auf die Fahrzeugeigenschaften als auch auf die Streckeneigenschaften beziehen – haben den Vorteil, dass eine zusätzliche closed-loop Modellierung bzw. open-loop Manöverdefinition zur Führung des Fahrzeuges in der Nähe des Grenzbereichs nicht notwendig ist. Zudem wird dadurch implizit der typische Ablauf einer Kurvendurchfahrt mit den Phasen Bremsen, Einlenken, Kurvenmitte, Beschleunigen berücksichtigt, der für die Bewertung der Fahrbarkeit als wichtig eingeschätzt wird.

4.1.1   Bestimmung von auslastungsbasierten Größen

Das Ziel der qs-Rundenzeitsimulation ist die Maximierung der Geschwindigkeit in jedem Punkt der vorgegebenen Fahrlinie. Dabei wird angenommen, dass sich die minimalen Geschwindigkeiten an den Kurvenscheitelpunkten ergeben, während die maximalen Geschwindigkeiten am Ende von Geradenabschnitten vor den Bremspunkten auftreten.

Abbildung 4.3 zeigt die Momentaufnahme der horizontalen Beschleunigungszustände a_x und a_y sowie die Giergeschwindigkeit $\dot{\psi}$ eines Fahrzeuges bei Kurvenfahrt. Für jedes Rad ist das Kraftpotenzial $F_{x,max}$ und $F_{y,max}$ in x- und y-Richtung angegeben, sowie der Kammsche Kreis für das kombinierte Kraftpotenzial. Unterschiedliche Durchmesser verdeutlichen die unterschiedlichen Kraftpotenziale, die an jedem einzelnen Rad vorliegen. Die kurvenäußeren Räder sind durch die beschleunigungsbedingte Radlastverschiebung höher belastet und haben daher einen größeres Haftungspotenzial gegenüber den inneren Rädern. In der Abbildung ist das hintere linke und das vordere rechte Rad nicht vollständig ausgenutzt, es besteht dort eine Kraftreserve, Gl. 4.1.

$$F_{RL} = \sqrt{F_{x,RL}^2 + F_{y,RL}^2} < F_{RL,max} \qquad \text{Gl. 4.1}$$

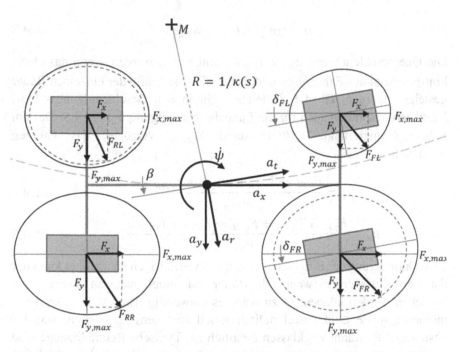

Abbildung 4.3: Zweispurmodell mit Kraftzuständen und der Potenzialaus-
nutzung der einzelnen Räder während einer Kurvenfahrt

Wie bereits in Abschnitt 2.1.1 auf Basis einer Punktmasse beschrieben, ist die
maximal erreichbare Geschwindigkeit v im Scheitelpunkt einer Kurve direkt
von der maximalen Radialbeschleunigung a_r abhängig. Wenn davon ausgegangen wird, dass die Schwimmwinkelgeschwindigkeit $\dot{\beta}$ in der Kurvenmitte null ist, ergibt sich mit der Fahrlinienkrümmung κ die Radialbeschleunigung zu:

$$a_r = v \cdot \dot{\psi} = v^2 \cdot \kappa \text{ mit } \dot{\beta} \approx 0 \qquad \text{Gl. 4.2}$$

Die Radialbeschleunigung a_r unterscheidet sich von der fahrzeugfesten Beschleunigungen a_x, a_y im horizontalen Fall durch den Schwimmwinkel β des Fahrzeuges.

$$a_r = a_y \cdot \cos(\beta) + a_x \cdot \sin(\beta) \qquad \text{Gl. 4.3}$$

Die Querbeschleunigung a_y kann nur dann erhöht werden, wenn das Querkraftpotenzial des Fahrzeuges und damit die Querkräfte der einzelnen Räder gesteigert werden, Gl. 4.4. Gleiches gilt in den Beschleunigungs- bzw. Verzögerungsphasen auch für die Längsbeschleunigung a_x, Gl. 4.5. Der am Fahrzeug angreifende Luftwiderstand $F_{x,aero}$ verzögert das Fahrzug zusätzlich.

$$a_y = \frac{F_{y,FL} + F_{y,FR} + F_{y,RL} + F_{y,RR}}{m_{veh}} \qquad \text{Gl. 4.4}$$

$$a_x = \frac{F_{x,FL} + F_{x,FR} + F_{x,RL} + F_{x,RR} + F_{x,aero}}{m_{veh}} \qquad \text{Gl. 4.5}$$

Eine Optimierung der Beschleunigung eines vierrädrigen Fahrzeuges kann nur dann erreicht werden, wenn alle Räder individuell nahe an ihrem Limit betrieben werden können. Dazu wäre es notwendig, Brems- und Antriebsmomente sowie Lenkwinkel radindividuell ansteuern zu können, was für bestehende Rennfahrzeugklassen unüblich ist. Typische Rennfahrzeuge sind weiterhin mit Antriebssystemen ausgestattet, die jeweils auf eine oder beide Achsen wirken können, nicht jedoch radindividuelle Antriebsmomente stellen können [4]. Auch Bremssysteme sind in der Regel achsbezogen, solange Regelsysteme wie ABS reglementbedingt ausgeschlossen sind. Ein ähnliches Bild ergibt sich für Hinterachslenkungen bzw. radindividuelle Lenksysteme, die oft nur als Sonderausstattung in Serienfahrzeugen verbaut werden, und in Rennfahrzeuge keine Anwendung finden. Insgesamt ergeben sich daher für Rennfahrzeuge – wie auch für den Großteil der auf den Straßen befindlichen Serienfahrzeuge – konzeptionelle Nachteile hinsichtlich der Ausnutzbarkeit des radindividuellen Haftungspotenzials. Lediglich in sicherheitsrelevanten Bereichen, wie z.B. den durch ABS geregelten Bremsvorgang, wird in Serienfahrzeugen eine Optimierung angestrebt. Die wichtigsten fahrzeugbezogenen bzw. physikalischen Randbedingungen, die dazu führen, dass nicht das gesamte zur Verfügung stehende Potenzial genutzt werden kann, werden im Folgenden erläutert:

Giermomentengleichgewicht

Mit der Definition, dass das Fahrzeug exakt entlang der vorgegebenen Fahrlinie geführt wird, ist die streckenbezogene Giergeschwindigkeit $\dot{\psi}_{track}$ mit der berechneten Fahrzeuggeschwindigkeit bekannt, Gl. 4.6. Verändert sich die Streckenkrümmung, die Fahrgeschwindigkeit oder beides z.B. im Kurvenein- oder ausgang, ergibt sich daraus eine Gierbeschleunigung $\ddot{\psi}$ ungleich null. Die Ableitung der Giergeschwindigkeit – also die strecken-bezogene Gierbeschleunigung $\ddot{\psi}_{track}$, Gl. 4.7 – führt mit dem Gierträgheitsmoment des Fahrzeuges $I_{z,veh}$ zu einem Giermoment $M_{z,track}$, dass auf das Fahrzeug aufgebracht werden muss, um der vorgegebenen Fahrlinie zu folgen, Gl. 4.8. Dies kann prinzipiell durch eine Querkraftdifferenz zwischen Vorder- und Hinterachse bzw. einer Längskraftdifferenz zwischen linker und rechter Fahrzeugseite erreicht werden. Die Kraftdifferenzen sind umso kleiner, umso größer Spurweite s_{tw} bzw. Radstand s_{wb} des Fahrzeuges ausgeführt sind.

$$\dot{\psi}_{track} = \kappa_{track} \cdot v \quad \text{mit} \quad \dot{\beta} \approx 0 \qquad \text{Gl. 4.6}$$

$$\ddot{\psi}_{track} = \frac{d(\kappa_{track} \cdot v)}{dt} \qquad \text{Gl. 4.7}$$

$$M_{z,track} = \ddot{\psi}_{track} \cdot I_{z,veh} \qquad \text{Gl. 4.8}$$

Je größer das notwendige Giermoment $M_{z,track}$ ist – z.B. aufgrund einer hohen Streckenkrümmung oder eines großen Gierträgheitsmomentes $I_{z,veh}$ – umso größer fällt die notwendige Kraftdifferenz aus. Eine vollständige Ausnutzung der Achsen kann durch diese Randbedingung eingeschränkt werden.

Brems- und Antriebssystemeinfluss

Rennfahrzeuge besitzen typischerweise zwei getrennte Bremskreise und reglementbedingt keine geregelten Systeme, wie beispielsweise Antiblockier- oder Stabilitäsregelsysteme mit Bremseingriff. Die Verzögerung des Fahrzeuges wird durch den Fahrer eigenständig kontrolliert und muss daher auch nach entsprechenden Anforderungen an die Fahrbarkeit gestaltet und eingestellt werden. Die hydraulische und mechanische Dimensionierung von Hauptbremszylinder, Bremssätteln und Bremsscheiben sowie der Reibbeiwert der Bremsbeläge ergeben eine feste Bremskraftverteilung zwischen Vorder- und Hinterachse, die im Fahrzeug z.B. durch ein Waagebalkensystem in gewissen Grenzen eingestellt werden kann [4].

Bei einer Bremsung sind die Drücke daher in den jeweils beiden vorderen $p_{calip,FL}$ und $p_{calip,FR}$ bzw. beiden hinteren Bremssätteln identisch dem Druck im Hauptbremszylinder $p_{main,f}$, siehe Gl. 4.9. Damit ist auch das Bremsmoment an den beiden Rädern $M_{brake,FL}, M_{brake,FR}$ gleich, wenn man vernachlässigt, dass sich z.B. aufgrund von Temperaturunterschieden auch unterschiedliche Bremsbelagsreibwerte μ_{pad} einstellen können bzw. die Konstruktion des Leitungssystems zu geringen Druckunterschieden zwischen linken und rechtem Bremssattel führen kann. Das Bremsmoment berechnet sich aus einer Funktion f_{brake}, in die der effektive Bremsscheibendurchmesser s_{disc}, die hydraulische Wirkfläche des Bremssattels A_{calip} sowie der Bremsbelagsreibwert μ_{pad} und dem Bremsdruck am Bremssattel p_{calip} eingehen, siehe Gl. 4.10. Wenn die verwendeten Komponenten bzw. Materialien im Bremssystem wie vorher beschrieben temperaturabhängige Eigenschaften haben, sind diese durch geeignete weitere Eingangsgrößen in der Funktion f_{brake} zu berücksichtigen.

$$p_{main,f} = p_{calip,FL} = p_{calip,FR} \qquad \text{Gl. 4.9}$$

$$M_{brake,FL} = M_{brake,FR} = f_{brake}\left(p_{calip}, s_{disc}, \mu_{pad}, A_{calip} \dots\right) \qquad \text{Gl. 4.10}$$

Während gleich große Bremsmomente am linken $M_{brake,FL}$ und rechten Rad $M_{brake,FR}$ bei einem Bremsvorgang in Geradeausfahrt keine Einschränkung darstellen, weisen bei einer kombinierten Längs- und Querbeanspruchung die entlasteten kurveninneren Räder weniger Längskraftpotenzial $F_{x,max}$ auf als die belasteten kurvenäußeren Räder. Einer der wesentlichen Gründe sind die Unterschiede in der Radlast $F_{z,FL}$ und $F_{z,FR}$ bei einer Querbeschleunigung ungleich null, siehe Gl. 4.11. Dies wurde bereits in Abbildung 4.3 durch die unterschiedlich großen Reibungskreise an den jeweiligen kurveninneren bzw. -äußeren Rädern angedeutet. Das maximale Potenzial des Reifens in

Längsrichtung $F_{x,max,FL}$ kann analytisch [3, 124] mithilfe einer Funktion $f_{tire,max}$ bestimmt werden, die die aktuellen Zustandsgrößen am Reifen auswertet, siehe Gl. 4.12. Dazu zählen mindestens Radlast $F_{z,FL}$, Radsturz γ_{FL} und aktueller Temperaturzustand T_{FL}. Das Verzögerungspotenzial des Fahrzeuges kann daher in kombinierten Bedingungen, z.B. in der Kurveneinfahrt, von den kurveninneren Rädern beschränkt werden. Der Effekt eines blockierenden kurveninneren Vorderrades kann in Rennserien mit freiliegenden Rädern wie in der Formel 1 häufig beobachtet werden. Dies ist vergleichbar mit einer μ-Split Bremsung, bei der ebenfalls der Reifen mit dem niedrigeren Reibwert das Verzögerungspotenzials des Fahrzeuges beschränkt.

$$F_{z,FL} < F_{z,FR} \ \ f\ddot{u}r \ a_y > 0 \qquad \text{Gl. 4.11}$$

$$F_{x,max,FL} = f_{tire,max}\left(F_{z,FL}, \gamma_{FL}, T_{FL}\right) < F_{x,max,FR} \qquad \text{Gl. 4.12}$$

Parallel zu den Überlegungen für das Bremsystem können die Eigenschaften des Antriebsstrangs betrachtet werden, da es sich vereinfacht um die Umkehrung der Bremsmomente in Antriebsmomente handelt. Die Antriebseinheit eines Rennfahrzeuges besteht z.B. aus einem Verbrennungsmotor und/oder einer E-Maschine, die über ein Getriebe mit Übersetung r_{transm} das Antriebsmoment $M_{drv,eng}$ an eine Achse abgibt. Dort wird mit einem Achsverteilergetriebe sowie im Regelfall einem Sperrdifferential das Drehmoment auf beide Räder verteilt. Im Fall eines heckgetriebenen Fahrzeuges mit offenem Differential sind die an den Rädern wirkenden Momente $M_{drv,RL}, M_{drv,RR}$ gleich groß und betragen etwa die Hälfte des Eingangsdrehmomentes. Im Betrieb unterhalb des Haftungslimits beider Räder kann das gesamte Eingangsmoment auf die Räder übertragen werden, Gl. 4.13. Im Fall der vollständigen Auslastung bzw. des Haftungsverlustes eines Rades kann auch an das gegenüberliegende Rad kein weiteres Moment mehr abgegeben werden. Ähnlich wie in der vorherigen Beschreibung des Bremsvorgangs kann daher bei Kurvenfahrt das Kraftpotenzial des angetriebenen kurveninneren Rades $F_{x,max,FL}$ der limitierende Faktor für das absetzbare Antriebsmoment sein.

$$M_{drv,eng} \cdot r_{transm} \approx M_{drv,RL} + M_{drv,RR}$$

$$\text{für } F_{x,RL} < F_{x,max,RL} \text{ und } F_{x,RR} < F_{x,max,RR}$$

Gl. 4.13

Bei einem Sperrdifferential wird ein Sperrmoment $M_{diff,lock}$ durch einen drehzahl- bzw. drehmomentfühlende Mechanik aufgebracht, die eine Drehmomentdifferenz zwischen linken und rechten Rad ermöglicht indem die Drehzahldifferenz reduziert wird, Gl. 4.14. Der Sperrwert $r_{diff,lock}$ wird berechnet aus dem Sperrmoment $M_{diff,lock}$ und dem gesamten übertragenen Antriebsmoment an den Rädern, Gl. 4.15.

$$M_{drv,RR} = M_{drv,RL} + M_{diff,lock}$$

$$\text{wenn } F_{x,RL} = F_{x,max,RL}$$

Gl. 4.14

$$r_{diff,lock} = \frac{M_{drv,RL} - M_{drv,RR}}{M_{drv,RL} + M_{drv,RR}} = \frac{M_{diff,lock}}{M_{drv,RL} + M_{drv,RR}}$$

Gl. 4.15

Obwohl ein Sperrdifferential das Beschleunigungspotenzial beim Beschleunigen aus Kurvenfahrt gegenüber einem offenen Differential in der Regel erhöht, kann durch die Kopplung der Räder von linker und rechter Seite je nach Fahrsituation und Fahrzeugsetup dennoch nicht garantiert werden, dass die Haftpotenziale beider Räder ausgenutzt werden. Ein querdynamischer Nebeneffekt eines mechanischen Sperrdifferentials ist die Beeinflussung auf das Fahrzeuggiermoment durch den von der Sperrwirkung hervorgerufenen Drehmoment – und damit Längskraftunterschied zwischen linken und rechtem Rad. Wenn man wieder von dem Beispiel einer Linkskurve ($a_y > 0$) ausgeht, ergeben sich durch den Drehzahlangleich des Sperrdifferentials gleiche Drehzahlen am linken und rechten Rad. Dadurch ergeben sich unterschiedliche Längsschlupfwerte und folglich Kräfte, die der Gierbewegung des Fahrzeuges entgegenwirken, also ein rückstellendes Giermoment hervorrufen. Ein Sperrdifferential wirkt durch diesen Effekt ähnlich einer Starrachse untersteuernd auf das Eigenlenkvehalten und damit auf die Fahrzeugbalance aus.

Kinematik- und Elastokinematikeinfluss

Der Schräglaufwinkel α, bei dem die Reifenkraft maximal wird, hängt von den Zustandsgrößen Radlast F_z, Sturzwinkel γ, Längsschlupf $r_{s,x}$ sowie weiteren Größen, wie Temperatur T und der Beschaffenheit der Fahrbahnoberfläche ab, und wird außerdem durch die Eigenschaften von Reifenkonstruktion und Laufflächengummi bestimmt [1, 5].

Für ein zweispuriges Kraftfahrzeug ergeben sich bei Kurvenfahrt für jedes einzelne Rad unterschiedliche Zustandsgrößen $F_z, \gamma, r_{s,x}$, siehe Abbildung 4.3. Ein Ziel der Fahrwerkentwicklung besteht darin, die Radstellungsgrößen, wie Spurwinkel δ und Sturzwinkel γ, für möglichst alle Fahrbedingungen so aus-zulegen, dass der Reifen im Optimalpunkt betrieben werden kann. Dies ist bei passiven Fahrwerken mit Einschränkungen verbunden, die durch die kin-ematischen und elastokinematischen Eigenschaften gegeben sind. Bei Kurvenfahrt hat ein zur Kurvenmitte hin gestürztes Rad Vorteile, da die Auflagefläche des Reifens so möglichst groß und rechteckig bleibt und der angreifenden Querkraft entgegenwirkt. Dies ist tendenziell nur an den kurven-äußeren Rädern zu erreichen, da durch meist symmetrische Radeinstellwerte die kurveninneren Räder genau in die andere Richtung gestürzt sind. Sowohl der Fahrzeugrollwinkel ϕ_{veh} als auch die Sturzelastizität γ_{ela} reduzieren den effektiven Sturzwinkel γ_{wheel} des kurvenäußeren Rades und haben damit einen negativen Einfluss auf das Haftpotenzial. Die einzigen Mittel den Radsturzwinkel γ_{wheel} zu verbessern bestehen daher in den statischen Sturzeinstellwerten γ_{stat}, und einer entsprechend optimierten kinematischen Sturzverhalten γ_{kin}, Gl. 4.16.

$$\gamma_{wheel} = \gamma_{stat} + \gamma_{kin} + \gamma_{ela} - \varphi_{veh} \qquad \text{Gl. 4.16}$$

Für die Spurwinkel δ ergeben sich mit Gl. 4.17 äquivalente Zusammenhänge, mit dem Unterschied, dass an der Vorderachse linkes und rechtes Rad über die Lenkung miteinander verbunden sind. Der Spurdifferenzwinkel δ_Δ kann mit der Positionierung von Lenkgetriebe und Spurstangen beeinflusst werden und wird so eingestellt, um den linken und vorderen Reifen in einem großen Betriebsbereich nahe ihrer Optima betreiben zu können, Gl. 4.18. Ähnlich zum Sturz bezeichnet δ_{stat} die statischen Spureinstellwerte und δ_{kin} bzw. δ_{ela} die kinematischen und elastokinematischen Anteile am Radspurwinkel.

$$\delta_{wheel} = \delta_{stat} + \delta_{kin} + \delta_{ela} \qquad \text{Gl. 4.17}$$

$$\delta_\Delta = \delta_{FL} - \delta_{FR} \qquad \text{Gl. 4.18}$$

Reifen-, Achsen- und Fahrzeugauslastung

Die grundlegende Forderung danach, das Beschleunigungspotenzial zu maximieren, um die Rundenzeiten zu minimieren, bedingt die vollständige Auslastung des zur Verfügung stehenden Potenzials an allen vier Rädern. Am Kraftmaximum der Reifenkennlinie ist die lokale Schlupfsteifigkeit allerdings null. Das Fahrzeug ist in diesem Punkt nicht steuerbar, da eine Variation des Lenkwinkels bzw. Vorderachsschräglaufwinkels keine zusätzliche Kraft stellt. Bei einer Verkleinerung des Kurvenradius oder einer Erhöung der Geschwindigkeit, verlässt das Fahrzeug die gewünschte Fahrlinie. Erreicht das Fahrzeug das Kraftmaximum an den beiden Rädern der Hinterachse, führt eine weitere Vergrößerung des Schwimmwinkels ebenfalls zu keiner zusätzlichen Kraft. Das Fahrzeug verhält sich in der Folge instabil. Es ist zu erwarten, dass in den meisten Fahrsituationen eine Kraftreserve vorliegen muss, um die Steuerbarkeit bzw. Stabilität aufrecht zu erhalten. Die Betrachtung von Auslastungsgrößen zeigt auf, wie groß diese Kraftreserve in unterschiedlichen Fahrsituationen ist und wie stark diese von den Fahrzeugeigenschaften abhängt.

Zur Berechnung des maximalen Haftungspotenzials $F_{x,max}$ und $F_{y,max}$ eines Reifens wird die Funktion $f_{tire,max}$ definiert, die das Reifenmodell mit den Eingangsparametern Radlast F_z, Sturzwinkel γ und Temperaturzustand T berechnet, Gl. 4.20. Je nach Komplexität des Reifenmodells kann diese Berechnung analytisch – damit sehr effizient – oder iterativ erfolgen. Die Berechnung des aktuellen Kraftzustandes aus den vorgenannten Größen sowie dem Schlupfzustand mit Schräglaufwinkel α und Längsschlupf $r_{s,x}$ nach Gl. 4.19 ergibt die Möglichkeit zur Bestimmung der Auslastung.

$$[F_y, F_x] = f_{tire}(\alpha, r_{s,x}, F_z, \gamma, T) \qquad \text{Gl. 4.19}$$

$$\left[F_{x,max}, F_{y,max}\right] = f_{tire,max}(F_z, \gamma, T) \qquad \text{Gl. 4.20}$$

Die Längs- bzw. Querauslastung des Reifens $r_{sat,x}$ und $r_{sat,y}$ ergibt sich aus dem Verhältnis der aktuellen zur maximal möglichen Kraft, siehe Gl. 4.21. Die Gesamtauslastung $r_{sat,(FL...RR)}$ ergibt sich aus der Vektorsumme, Gl. 4.22.

$$r_{sat,y} = \frac{F_y}{F_{y,max}} \qquad r_{sat,x} = \frac{F_x}{F_{x,max}} \qquad \text{Gl. 4.21}$$

$$r_{sat,(FL...RR)} = \sqrt{\left(r^2_{sat,x,(FL...RR)} + r^2_{sat,y,(FL...RR)}\right)} \qquad \text{Gl. 4.22}$$

Zur Berechnung von achs- bzw. fahrzeugbasierten Auslastungsgrößen werden die Kraftterme von linkem und rechtem Rad (Gl. 4.23) bzw. von Vorder- und Hinterachse (Gl. 4.24) addiert.

$$F_{(x,y,z),(f,r)} = F_{(x,y,z),(FL,RL)} + F_{(x,y,z),(FR,RR)} \qquad \text{Gl. 4.23}$$

$$F_{(x,y,z)} = F_{(x,y,z),f} + F_{(x,y,z),r} \qquad \text{Gl. 4.24}$$

Die horizontalen Gesamtkräfte an der Vorder- bzw. Hinterachse F_f und F_r ergeben sich nach Gl. 4.25 und Gl. 4.26 dann zu:

$$F_f = \sqrt{F^2_{x,f} + F^2_{y,f}} \qquad \text{Gl. 4.25}$$

$$F_r = \sqrt{F^2_{x,r} + F^2_{y,r}} \qquad \text{Gl. 4.26}$$

Um die Auslastung der Achse zu bestimmen, müssen die Reifenauslastungen des linken und rechten Reifens zu einem einzigen Wert kombiniert werden. Im einfachsten Fall kann das durch die Mittelwertbildung beider Werte erfolgen. Beide Seiten werden dann gleich stark gewichtet. Bei einer ähnlichen Auslastung bzw. in Fahrsituationen mit niedrigen Längs- bzw. Quer-beschleunigungen ist diese Berechnung ausreichend. In den häufigen Fällen mit hohen Horizontalbeschleunigungen a_x, a_y liegen dynamische Radlastverschiebungen vor, die abhängig von der Höhe der Beschleunigung, der Schwerpunktlage und weiteren Parametern des Fahrzeuges zu einer erheblichen Differenz der Radlasten zwischen linken und rechten Rädern bzw. zwischen Vorder- und

Hinterachse führt. Damit haben die höher belasteten Räder einen größeren Anteil an dem Beschleunigungspotenzial als bei einer reinen Mittelwertbildung berücksichtigt werden würde. Es wird daher vorgeschlagen, die Achsauslastungsgrößen $r_{sat,f}$ und $r_{sat,r}$ radlastgewichtet zu berechnen, Gl. 4.27 und Gl. 4.28:

$$r_{sat,f} = \frac{r_{sat,FL} \cdot F_{z,FL} + r_{sat,FR} \cdot F_{z,FR}}{F_{z,f}} \qquad \text{Gl. 4.27}$$

$$r_{sat,r} = \frac{r_{sat,RL} \cdot F_{z,RL} + r_{sat,RR} \cdot F_{z,RR}}{F_{z,r}} \qquad \text{Gl. 4.28}$$

Die fahrzeugbezogene Gesamtauslastung $r_{sat,veh}$ bestimmt sich dann mit den Achsauslastungsgrößen nach Gl. 4.29. Auch die achsbezogenen Längs- und Querauslastungen $r_{sat,f,x}$ und $r_{sat,f,y}$ bestimmen sich nach dem gleichen Prinzip in Gl. 4.30 und Gl. 4.31.

$$r_{sat,veh} = \frac{r_{sat,f} \cdot F_{z,f} + r_{sat,r} \cdot F_{z,r}}{F_z} \qquad \text{Gl. 4.29}$$

$$r_{sat,f,(x,y)} = r_{sat,f} \cdot \frac{F_{(x,y),f}}{F_f} \qquad \text{Gl. 4.30}$$

$$r_{sat,r,(x,y)} = r_{sat,r} \cdot \frac{F_{(x,y),r}}{F_r} \qquad \text{Gl. 4.31}$$

Je nach Fahrzeugeigeschaften und berechneten Fahrzuständen zur Erreichung der maximalen Geschwindigkeit können die beiden Fahrzeugachsen unterschiedlich stark ausgelastet sein. Am Beispiel des Kurvenscheitelpunktes gibt es vier mögliche Auslastungsszenarien, wenn man davon ausgeht, dass die Giergeschwindigkeit $\dot{\psi}$ konstant und das Fahrzeuggiermoment daher $M_z = 0$ ist:

■ $r_{sat,f} = r_{sat,r} = 100\,\%$ – Vorderachse und Hinterachse sind identisch stark zu 100% ausgelastet. Weder an der Vorder- noch von der Hinterachse ist eine Kraftreserve vorhanden.

■ $r_{sat,f} = 100\,\% > r_{sat,r}$ – Vorderachse ist zu 100 % und Hinterachse ist geringer ausgelastet. An der Hinterachse besteht eine Kraftreserve. Das Fahrzeug rutscht über die Vorderachse bzw. untersteuert.

■ $r_{sat,f} < r_{sat,r} = 100\%$ – Hinterachse ist zu 100 % und Vorerachse ist geringer ausgelastet. An der Vorderachse besteht eine Kraftreserve. Das Fahrzeug rutscht über die Hinterachse bzw. übersteuert.

■ $r_{sat,f}, r_{sat,r} < 100\%$ – Vorder- und Hinterachse sind beide geringer als 100 % ausgelastet, z.B. durch eine der vorher genannten Einschränkungen

Um die theoretisch maximale Geschwindigkeit zu erreichen, ist die volle Auslastung beider Achsen notwendig. Das erfordert gleichzeitig eine balancierte Gripverteilung zwischen Vorder- und Hinterachse. Um ein stabiles, d.h. untersteuerndes Fahrverhalten in den Kurven zu erreichen, muss an der Hinterachse eine Kraftreserve bestehen. Erreicht die Vorderachse schon deutlich vor der Hinterachse das Limit – d.h. ist die Kraftreserve an der Hinterachse zu groß – ist das Fahrzeug nur schwer kontrollierbar und ebenfalls schwierig zu fahren. Es wird erwartet, dass ein Kompromiss zwischen der theoretisch beschleunigungsoptimalen ($r_{sat,f} = r_{sat,r} = 100\%$) und einer fahrbaren Konfiguration ($r_{sat,f}, r_{sat,r} < 100\%$) gefunden werden muss. Diese Betrachtung kann neben dem Kurvenscheitelpunkt auch auf andere Fahrzustände übertragen werden.

4.1.2   Bestimmung von gierdynamischen Größen

Im Rennstreckenbetrieb führt der Fahrer das Fahrzeug entlang der Ideallinie um den Kurs. Für die Veränderung der Farhrlinienkrümmung κ, wie z.B. der Übergang von einer Gerade in eine Kurve, muss das Fahrzeug in eine Gierbewegung versetzt werden bzw. muss eine bestehende Gierbewegung in Größe und Vorzeichen verändert werden. Das dazu benötigte Giermoment steuert der Fahrer hauptsächlich mit der (Vorderachs-)Lenkung, aber auch andere Effekte, wie im vorherigen Abschnitt beschrieben, wirken sich auf die am Fahrzeug anliegenden Giermomente $M_{z,veh}$ aus. Da es das hauptsächliche Ziel ist, das Fahrzeug möglichst stabil und mit maximaler Geschwindigkeit auf der Ideallinie um den Kurs zu bewegen, wird von der Bewertung gierdynamischer Eigenschaften eine gute Aussagekraft bezogen auf die Fahrbarkeit erwartet. Im Unterschied zu auslastungsbasierten Größen – die sich nur auf Verhältnisse zur Maximalkraft beziehen – fließen in die gierdynamische Betrachtung auch fahrdynamische Eigenschaften, wie die lokalen

Schlupf- und Schräglaufsteifigkeiten der einzlenen Reifen bzw. Achsen mit ein. Damit ist auch eine Bewertung von Eigenschaften möglich, die sich nicht direkt auf das zur Verfügung stehende Haftungspotenzial beziehen wie z.B. Eigenschaften des Fahrwerkes hinsichtlich Spurkinematik und -elastizität.

Als Berechnungsgrundlage dienen die aus dem Fahrzeugmodell bekannten Gleichgewichtsbedingungen für Quer- und Gierbeschleunigung a_y und $\ddot{\psi}$, siehe auch Gl. 3.1 und Gl. 3.3 auf Seite 37. Die lokal linearisierten Kontrollierbarkeits- und Stabilitätseigenschaften sind mit dem Lenkwinkel δ und dem Schwimmwinkel β für die Querbeschleunigung a_y gegeben durch $da_y/d\delta$ bzw. $da_y/d\beta$, und für die Gierbeschleunigung $\ddot{\psi}$ gegeben durch $d\ddot{\psi}/d\delta$ und $d\ddot{\psi}/d\beta$. Zur Berechnung dieser Größen werden die lokalen Schlupfsteifigkeiten auf Längskraft, Querkraft und Rückstellmoment $k_{x,\alpha}, k_{y,\alpha}, k_{z,\alpha}$ des Reifenmodells $f_{tire,grad,y}$ für eine Änderung des Schräglaufwinkels $\Delta\alpha$ um den Betriebspunkt nach Gl. 4.32 benötigt.

$$\left[\frac{dF_x}{d\alpha}, \frac{dF_y}{d\alpha}, \frac{dM_z}{d\alpha}\right] = [k_{x\alpha}, k_{y\alpha}, k_{z,\alpha}] = f_{tire,grad,y}(r_{s,x}, \Delta\alpha, F_z, \gamma, T) \qquad \text{Gl. 4.32}$$

Die Giermomentenkontrollierbarkeit $dM_z/d\delta$ und -stabilität $dM_z/d\beta$ ist bereits aus dem sogenannten *Milliken-Moment-Diagram* [1] bekannt, das in Abschnitt 2.2.3 auf Seite 29 eingeführt wurde. Die Größen setzen sich aus den auf den Lenkwinkel δ bzw. Schwimmwinkel β bezogenen Anteilen der benannten Schlupfsteifigkeiten $k_{y,\alpha}$ ... und den jeweiligen geometrischen Größen des halben Radstandes s_{wb} und der halben Spurweite s_{tw} zusammen, Gl. 4.33 und Gl. 4.34.

$$\frac{dM_z}{d\delta} = s_{wb,f} \cdot (k_{y,FL} + k_{y,FR}) + s_{tw,f} \cdot (k_{x,FL} - k_{x,FR})$$
$$+ k_{z,FL} + k_{z,FR} \qquad \text{Gl. 4.33}$$

$$\frac{dM_z}{d\beta} = s_{wb,f} \cdot (k_{y,FL} + k_{y,FR}) - s_{wb,r} \cdot (k_{y,RL} + k_{y,RR})$$
$$+ s_{tw,f} \cdot (k_{x,FL} - k_{x,FR}) + s_{tw,r} \cdot (k_{x,RL} - k_{x,RR}) \qquad \text{Gl. 4.34}$$
$$+ k_{z,FL} + k_{z,FR} + k_{z,RL} + k_{z,RR}$$

Bezogen auf das Gierträgheitsmoment des Fahrzeuges I_z ist die Gierbeschleunigungsableitungen nach dem Lenkwinkel δ die Kontrollierbarkeit $d\dot\psi/d\delta$ und nach dem Schwimmwinkel β die Stabilität $d\dot\psi/d\beta$. Im Folgenden werden Kontrollierbarkeit und Stabilität als n_δ und n_β bezeichnet, Gl. 4.35 und Gl. 4.36.

$$n_\delta = \frac{d\dot\psi}{d\delta} = \frac{dM_z}{I_z \cdot d\delta} \qquad\text{Gl. 4.35}$$

$$n_\beta = \frac{d\dot\psi}{d\beta} = \frac{dM_z}{I_z \cdot d\beta} \qquad\text{Gl. 4.36}$$

4.1.3 Objektivkriterien aus eqs-Simulation

Die Berechnung der Strecken-Fahrzeugkennwerte wird in der vorliegenden Arbeit aufgrund der in Abschnitt 2.1.1 erwähnten Vorteile auf Basis der eqs-Rundenzeitsimulation vorgenommen. Grundsätzlich ist das Vorgehen auch auf andere Methoden der Rundenzeitberechnung, wie Optimalsteuerungsansätze, übertragbar, da die Berechnung der Objektivwerte lediglich eine erweiterte Auswertung der Simulationsergebnisse ist. Für die Berechnung müssen die kontinuierlichen zeitlichen Verläufe von Auslastungsgrößen und gierdynamischen Größen nach den im vorherigen Abschnitt vorgestellten Formeln vorliegen. Dieses Vorgehen wurde basierend auf Realfahrzeugmessungen bereits in [131] beschrieben. Die Auslastungszustände r_{sat} werden am Beispiel einer simulierten Kurvendurchfahrt mit den typischen Brems- und Beschleunigungsphasen in Abbildung 4.4 veranschaulicht. Das Fahrzeug wird auf einem Geradenabschnitt zunächst beschleunigt, bevor es bei $2s$ den Bremspunkt erreicht und bis zur Kurvenmitte verzögert wird. In den Beschleunigungssignalen a_x und a_y ist zu erkennen, dass schon während der Verzögerungsphase die Querbeschleunigung a_y aufgebaut wird, die sich dann im Bereich des Scheitelpunktes bei ca. $4,5 - 5s$ etwa konstant hält. Der nachfolgende Nulldurchgang der Längsbeschleunigung a_x zeigt den Umschaltpunkt von der Verzögerungs- in die Beschleunigungsphase an. Ab diesem Punkt steigt auch die Geschwindigkeit des Fahrzeuges wieder an und die Querbeschleunigigung verringert sich am Kurvenausgang bis auf ein Minimum bei ca. $8s$.

In den mittleren beiden Graphen in Abbildung 4.4 werden die dazugehörigen isolierten Aulastungszustände der beiden Fahrzeugachsen in Längs- bzw. Querrichtung $r_{sat,x}$ und $r_{sat,y}$ gezeigt. Die Vorderachse ist im Bereich der Kurvenmitte vollständig ausgelastet, während an der Hinterachse eine Kraftreserve besteht. Die Kraftreserve an der Hinterachse ist über den Kurvenverlauf nicht konstant, sondern wird duch die unterschiedlichen Längsbeschleunigungszustände beeinflusst. Die richtungsbasierten Auslastungszustände $r_{sat,x}$ und $r_{sat,y}$ sind mit Vorzeichen angegeben, um aufzuzeigen ob ein kombinierter Fahrzustand in der Brems- oder in der Beschleunigungsphase betrachtet wird. Im unteren linken Graphen werden Längs- und Querauslastungszustände der Achsen $r_{sat,f}$ und $r_{sat,r}$ betragsmäßig zusammengefasst, um die Gesamtauslastung der Achse bewerten zu können. Die Auslastung der Hinterachse ist durch den typischen Hinterachsantrieb im Durchschnitt höher als das der Vorderachse. In der Abbildung ist außerdem ersichtlich, dass das Fahrzeug in der Kurvenmitte durch die Vorderachse limitiert ist, während sich die Auslastungsverteilung während der Bremsphase von vorne nach hinten verschiebt. Von der Kurvenmitte bis zum Kurvenausgang ist die Hinterachse vollständig ausgenutzt und die Vorderachsausnutzung sinkt durch die sich reduzierende Fahrlinienkrümmung bis auf den Wert der Geradeausfahrt. Im rechten Graph ist außerdem die Auslastung des Gesamtfahrzeuges $r_{sat,veh}$ dargestellt, die sich aus den beiden Achsauslastungen zusammensetzt. In der Bremsphase wird das Fahrzeug aufgrund einer Kombination von Einschränkungen (siehe 4.1.1) nicht vollständig ausgenutzt.

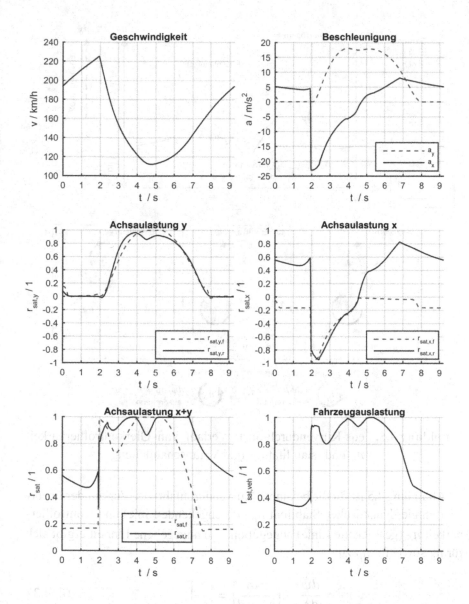

Abbildung 4.4: eqs-Kurvendurchfahrt: zeitlicher Verlauf von Geschwindigkeit v, Beschleunigung a_x, a_y und Achs- bzw. Fahrzeugauslastung r_{sat}

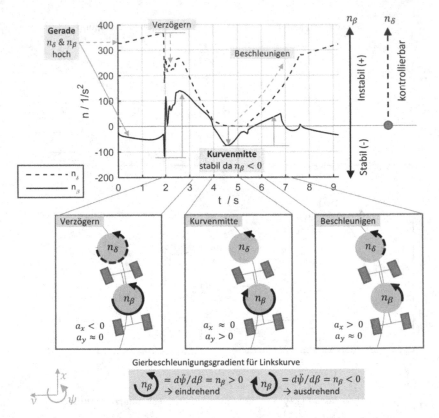

Abbildung 4.5: eqs-Kurvendurchfahrt: Verlauf von Gierkontrollierbarkeit n_δ und -stabilität n_β und Veranschaulichung

In Abbildung 4.5 ist für die bekannte Kurvendurchfahrt der Verlauf der linearisierten gierdynamischen Stabilität n_β (durchgehende Linie) und Kontrollierbarkeit n_δ (gestrichelte Linie) angegeben. Die angegebene Einheit ergibt sich für n_δ sowie für n_β zu:

$$n_\delta = \frac{d\ddot{\psi}}{d\delta} \rightarrow \left[\frac{rad}{s^2 rad}\right] = \left[\frac{1}{s^2}\right] \qquad \text{Gl. 4.37}$$

Durch die Vorzeichenkonvention nach ISO8855 ergeben sich unterschiedliche Vorzeichen für n_δ und n_β. Ein Fahrzeug ist aus gierdynamischer Sicht dann stabil, wenn das Vorzeichen von n_β negativ ist, da aus einer Vergrößerung des Schwimmwinkels β eine negative und damit rückstellende bzw. stabilisierende Giebeschleunigung $\ddot{\psi}$ resultiert. Dies ist in Abbildung 4.5 für die Geradenabschnitte und die Kurvenmitte gegeben. Die Kontrollierbarkeit n_β, also der Einfluss des Lenkwinkels δ auf die Giebeschleunigung, ist im allergrößten Teil der Kurvenfahrt positiv. Eine Vergrößerung des Lenkwinkels hat – wie ebenso logisch nachvollziehbar – eine in die Kurve eindrehende Gierbeschleunigung als Folge. Wenn keine zusätzliches Gierbeschleunigung mehr mit einer Vergrößerung des Lenkwinkels δ gestellt werden kann, fällt n_δ auf Null. Der Unterschied in den Absolutwerten zwischen n_δ und n_β ist darauf zurückzuführen, dass die Stabilität n_β aus der Differenz der vorderen und hinteren lokalen Achsschräglaufsteifigkeit k_y berechnet wird, während die Kontrollierbarkeit n_δ nur von den Größen der Vorderachse abhängt.

Wie die Betrachtung der Auslastungszustände in Abbildung 4.4 schon vermuten lässt, ist auch die Variation der Absolutwerte von Kontrollierbarkeit n_δ und Stabilität n_β während einer Kurvendurchfahrt hoch, d.h. die fahrdynamischen Eigenschaften ändern sich in nur wenigen Sekunden von stabil zu instabil und von kontrollierbar zu nicht kontrolliebar bzw. umgekehrt. In Abbildung 4.5 ist ersichtlich, dass sich sowohl Kontrollierbarkeit n_δ als auch Stabilität n_β im Übergang zwischen Geradeausfahrt und Bremsvorgang augenblicklich ändern. n_β wird im initialen Moment der Verzögerung zuerst reduziert, bis der dynamische Radlasttransfer abgeschlossen ist. Für den Großteil der Verzögerungsphase ist n_β positiv, d.h. das Fahrzeug würde bei einer Vergrößerung des Schwimmwinkels β eine in die Kurve eindrehende – also destabilisierende – Gierbeschleunigung erfahren. In der Verzögerungsphase ist das dargestellte instabile gierdynamische Verhalten im offenen Regelkreis kaum vermeidbar, da das Fahrzeug am Haftungslimit verzögert werden muss, um die maximale Verzögerung zu erreichen. Die dynamische Radlastverschiebung in Richtung Vorderachse führt zu niedrigen Vertikalkräften an der Hinterachse und damit zu geringen Schräglaufsteifigkeiten, während an der Vorderachse durch die hohen Radlasten höhere Schräglaufsteifigkeiten vorliegen. Es ist gleichzeitig auch erkennbar, dass der Verlauf der Kontrollierbarkeit n_δ während der frühen Bremsphase im vergleichsweise hohen positiven Wertebereich bleibt. Das Fahrzeug wäre also auch bei einem ungewollten Ausbrechen der Hinterachse für den Fahrer noch kontrollierbar. Die Verhältnisse ändern sich in der Kurvenmitte in die entgegengesetzte

Richtung. Die gierdynamische Stabilität n_β des Fahrzeuges ist wieder gegeben, während die Kontrollierbarkeit n_δ auf Werte nahe Null abfällt. Das Fahrzeug untersteuert, da der Fahrer mit einer Vergrößerung des Lenkwinkels δ keine zusätzliche Gierbeschleunigung stellen kann. Falls die zu durchfahrende Kurve sich nicht weiter verengt, oder weitere Umstände dazu führen dass der Fahrer ein zusätzliches Giermoment benötigt, kann ein solcher Zustand für den Fahrer akzeptabel sein. In der darauf folgenden Beschleunigungsphase werden wiederum positive Werte für n_β erreicht, die aber vom Absolutwert geringer sind als in der Bremsphase. Der Grund liegt in dem heckgetriebenen Antriebslayout des betrachteten Fahrzeuges. Durch sich vergrößernde Werte von n_δ können auftretende Instablitäten durch den Fahrer am Kurvenausgang gut kontrolliert werden.

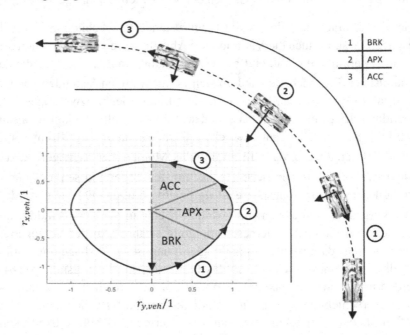

Abbildung 4.6: Einteilung der Kurvenfahrt in drei Phasen

Basierend auf Abbildung 4.4 und Abbildung 4.5 kann festgehalten werden, dass die Variation von Betriebszuständen (Geschwindigkeit, Beschleunigung, Achauslastung, Gierdynamik) innerhalb einer Kurvendurchfahrt hoch ist. Die

Formulierung eines einzigen Objektivwertes, der eine gesamte Kurvendurchfahrt erfasst erscheint folglich als nicht ausreichend. Es wird daher eine Einteilung in drei Kurvenabschnitte vorgenommen, die in Abbildung 4.6 dargestellt werden. Die Phasen orientieren sich an dem Quer- und Längsauslastungsverlauf, der sich für eine Kurvendurchfahrt wie in Abbildung 4.4 ergibt. Dabei ist die erste Phase der Brems- und Einlenkvorgang (BRK), also die längsdyanmsiche Beanspruchung des Fahrzeuges, in der keine bzw. nur eine geringe Querbeschleunigung auf das Fahrzeug wirkt. Der Übergang zur Kurvenmitte (APX) erfolgt gleitend, charakterisiert durch eine hohe Querbeschleunigung im Vergleich zur Längsbeschleunigung. Hier hat die Längsbeschleunigung im Übergang von Verzögern zu Beschleunigen außerdem einen Nulldurchgang. In der dritten Phase (ACC) wird das Fahrzeug aus der Kurve auf den nächsten Geradenabschnitt beschleunigt, wobei im frühen Teil noch eine größere Querbeschleunigung vorhanden ist. Nicht alle Kurven einer Rennstrecke enthalten immer alle Kurvenabschnitte, z.B. wenn keine Verzögerung erforderlich ist oder im Fall einer Wechselkurve, wenn eine Kurve direkt in eine andere Kurve übergeht. Auch können abhängig von dem Krümmungsprofil der Rennstrecke die Länge der Phasen variieren. Die Festlegung der relevanten Kurvenabschnitte muss daher strecken- und fahrzeugindividuell erfolgen.

$$(s_{BRK}, s_{APX}, s_{ACC}) \in s \qquad \text{Gl. 4.38}$$

$$s_{APX} = (s_{APX,start} \cdots s_{APX,end})$$
$$\rightarrow t_{APX} = (t_{APX,start} \cdots t_{APX,end}) \qquad \text{Gl. 4.39}$$

$$\bar{r}_{sat,f,APX} = \frac{1}{t_{APX}} \sum_{t_{APX,start}}^{t_{APX,end}} r_{sat,f}(t) \qquad \text{Gl. 4.40}$$

$$\bar{n}_{\delta,APX} = \frac{1}{t_{APX}} \sum_{t_{APX,start}}^{t_{APX,end}} n_{\delta}(t) \qquad \text{Gl. 4.41}$$

Die Berechnung von Objektivwerten erfolgt innerhalb der vorher festgelegten Kurvenphasen, die durch Streckenabschnitte entlang der Fahrlinie definiert werden, Gl. 4.38. Jede Phase ist definiert durch einen Start- und Endpunkt s_{start} und s_{end}. Durch Interpolation wird für die jeweiligen Start- und

Endpunkte die Zeitschritte t_{start} bis t_{end} ermittelt, da alle Zustandsgrößen als zeitbasiertes Signal vorliegen, Gl. 4.39. In den beschriebenen Phasen wird jeweils der Mittelwert der jeweiligen Signale, wie z.B. Vorderachsauslastung $r_{sat,f}$ oder Kontrollierbarkeit n_δ gebildet um den Objektivwert zu bestimmen, Gl. 4.40 und Gl. 4.41. Die einzelnen Phasen im gegebenen Beispiel haben unterschiedliche zeitliche Längen zwischen einer und zwei Sekunden. Es wird angenommen, dass zur Bewertung der Fahreigenschaften im typischen Rennstreckenbetrieb die Zeitskala im niedrigen Sekundenbereich notwendig ist, um sich ein Bild von den Zusammenhängen zwischen Steuereingabe und Fahrzeugreaktion machen zu können.

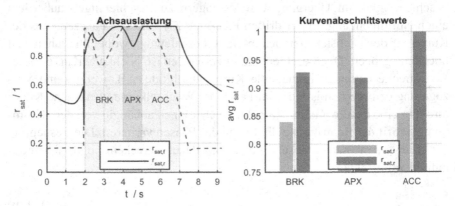

Abbildung 4.7: Achsauslastung r_{sat} (links: Verlauf, rechts: Kurvenabschnittswerte)

Das Vorgehen und die resultierenden Objektivwerte sind für die Achsauslastungsverläufe r_{sat} in Abbildung 4.7 und für die Kontrollierbarkeit n_δ und Stabilität n_β in Abbildung 4.8 dargestellt. Auch wenn innerhalb der definierten Kurvenabschnitte noch eine Variation der kontinuierlich berechneten Auslastung auftritt, nähern sich die Mittelwerte dem Verlauf der Fahrzeugauslastung an. Die aus einem Kurvenszenario berechneten Objektivwerte sind mit Bezug auf die Kurvenmitte in Tabelle 4.1 angegeben. Die Bezeichnung der Objektivwerte für die weiteren Kurvenabschnitte erfolgt äquivalent.

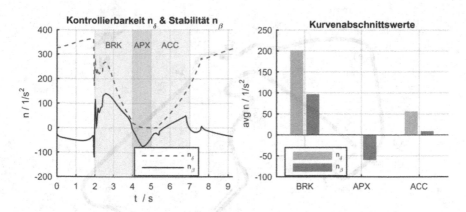

Abbildung 4.8: Gierdynamische Stabilität n_β & Kontrollierbarkeit n_δ (links: Verlauf, rechts: Kurvenabschnittswerte)

Tabelle 4.1: Objektivwerte Strecken-Fahrzeugperformance (Kurvenmitte - APX)

Objektivwert	Beschreibung
$r_{sat,f,APX}$	gemittelte Auslastung Vorderachse Kurvenmitte
$r_{sat,r,APX}$	gemittelte Auslastung Hinterachse Kurvenmitte
$n_{\delta,APX}$	gemittelte Kontrollierbarkeit Gierbeschleunigung Kurvenmitte
$n_{\beta,APX}$	gemittelte Stabilität Gierbeschleunigung Kurvenmitte

4.1.4 Bewertung von realen Rennstrecken

Anders als bei Serienfahrzeugen sind die relevanten Strecken für Rennfahrzeuge in der Regel sehr genau bekannt. Dieser Umstand wird sich zunutze gemacht, um eine möglichst genaue Abbildung der real auftretenden Betriebszustände in die objektive Bewertung der Fahrzeugeigenschaften mit einfließen zu lassen. Zur Berechnung der im vorherigen Abschnitt eingeführten Objektivkennwerte wird daher eine eqs-Rundenzeitsimulation von real existierenden Rennstreckenverläufen verwendet.

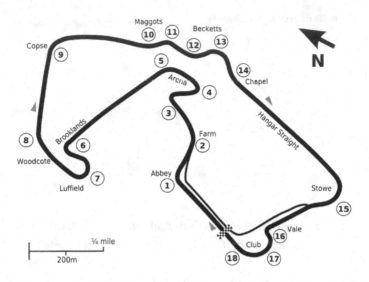

Abbildung 4.9:   Streckenverlauf der Strecke Silverstone GP [132]

Als Referenz für die hier genannten Beispiele und die späteren Versuche dient die Rennstrecke in Silverstone. Auf der Rennstrecke wird jährlich der Große Preis von Großbritannien in der Formel 1 und der Lauf zum 6 Stunden Rennen in der Langstreckenweltmeisterschaft WEC ausgetragen. Die Rennstrecke ist durch mehrere unterschiedliche Kurvenradien und Wechselkurvenkombinationen gekennzeichnet. Ebenso gibt es mehrere Geradenabschnitte, auf denen hohe Geschwindigkeiten vor den jeweiligen Bremspunkten erreicht werden. Die Lage der Strecke im flachem Gelände vereinfacht zudem die zu betrachtenden Fahrzustände, da keine nennenswerten Steigungen oder Gefälle vorhanden sind. Der Streckenverlauf sowie die Kurvennummerierung und Kurvennamen sind in Abbildung 4.9 angegeben.

Der berechnete Geschwindigkeitsverlauf sowie die Auslastungs- und Fahrdynamikverläufe sind in Abbildung 4.10 bis Abbildung 4.12 dargestellt. Die Abbildungen zeigen aus Gründen der Übersichtlichkeit die erste Hälfte des Streckenverlaufs von der Start-Ziellinie bis zur Geraden zwischen Kurve T8 und T9. Die maximale Geschwindigkeitsdifferenz beträgt in dem betrachteten Abschnitt zwischen ca. 70 und 290 km/h, die Kurvengeschwindigkeiten zwischen 70 und ca. 240 km/h. In den Abbildungen sind außerdem die vorher eingeführten Kurvenabschnitte grau hinterlegt eingezeichnet.

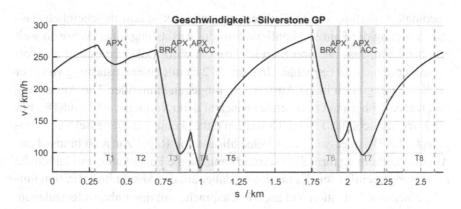

Abbildung 4.10: Berechneter Geschwindigkeitsverlauf für die erste Hälfte der Rennstrecke Silverstone GP

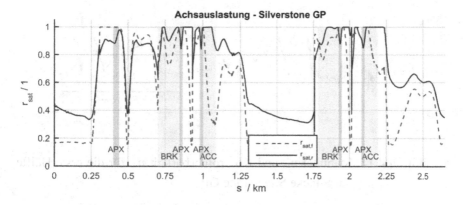

Abbildung 4.11: Auslastung $r_{sat,f}, r_{sat,r}$ von Vorder- und Hinterachse für die Rennstrecke Silverstone GP

Durch den gegebenen Streckenverlauf und die Fahrzeugeigenschaften sind nicht alle Kurven bzw. Kurvenabschnitte gekennzeichnet. Das Fahrzeug erreicht z.B. in den Kurven T2, T5 und T8 mit keiner der beiden Achsen eine Auslastung nahe 100 %. Der Grund dafür ist, dass die Kurve einen zu großen Radius besitzt, in der das Fahrzeug nicht die Kurvengrenzgeschwindigkeit erreicht, z.B. weil die Motorleistung zu gering oder der Luftwiderstand zu groß ist. In gegebenen Szenario ist die Situation für Kurve T8 deutlich, da hier eine maximale Aulastung von ca. 60 % erreicht wird. Es ist unwahrscheinlich, dass die Änderung der Fahrzeugkonfiguration die Auslastung einer Achse so weit erhöhen kann, dass der Grenzbereich erreicht wird. Daher ist es hier sinnvoll diese Kurve nicht zu betrachten. In Kurve T2 ist mit einer Auslastung von über 90 % die Integration in die Auswertung hingegen sinnvoller. Die Auslastung von Kurve T5 befindet sich genau zwischen derer von Kurve T2 und T8. Für die Kurvenabschnitte T5 und T8 werden daher keine Auswertessektoren festgelegt. Das Beispiel zeigt, dass keine allgemeine Regel zur Abschnitts- bzw. Auswerteaufteilung formuliert werden kann, da die Fahrzeugeigenschaften die Festlegung beeinflussen. Es bietet sich daher an, die Abschnittsdefinition mithilfe einer Vorsimulation und nach Rücksprache mit den Fahrern festzulegen.

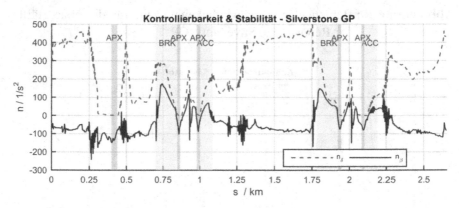

Abbildung 4.12: Stabilität n_β und Kontrollierbarkeit n_δ für die erste Hälfte der Strecke Silverstone GP

Die in Abbildung 4.11 dargestellten Auslastungszustände zeigen die Limitierung der Vorderachse für die Kurvenmitte in den Kurven T1, T3, T4, T6 und T7. Dies kann auch in der Kontrollierbarkeit in Abbildung 4.12 nachvollzogen werden, die im Bereich der Kurvenmitte auf einen Wert um null abfällt. Für die Bremsabschnitte in Kurve T3 und T6 ist die Stabilität angezeigt durch positive Werte gering, wobei die Kontrollierbarkeit auf einem höheren Niveau bleibt. Auch für das Beschleunigen aus den langsamen Kurven T4 und T7 ist die Stabilität niedrig bei einer gleichzeitig hohen Kontrollierbarkeit. In den schnelleren Abschnitten der Kurve T1, T2, T5 und T8 ist die Stabilität des

Fahrzeuges stets hoch, ersichtlich durch negative Werte im Verlauf der Stabilität n_β. Für Kurve T1 ist die Kontrollierbarkeit über den gesamten Kurvenverlauf nahe null. Im Stabilitätssignal n_β sind in der Abbildung einige Stellen mit höherfrequenten Oszillationen sichtbar. Dynamische Vertikallastschwankungen aufgrund der Überfahrt von Randsteinen verursachen diesen Effekt, der mit der Schwankung der Achsschräglaufsteifigkeiten auch einen Einfluss auf die Gierdynamik hat.

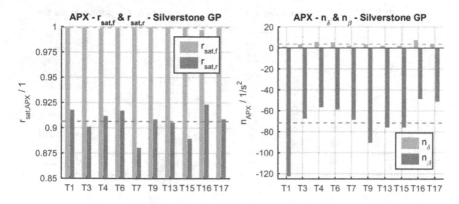

Abbildung 4.13: Gemittelte Auslastung sowie Kontrollierbarkeit und Stabilität in der Kurvenmitte für alle Auswertesektoren der Strecke Silverstone GP

Die im vorherigen Abschnitt eingeführten abschnittsbasierten Objektivwerte sind für alle 10 Auswertesektoren in der Kurvenmitte (APX) in Abbildung 4.13 angegeben. Hier bestätigen sich die Beobachtungen aus den vorherigen Abbildungen weitgehend. Während die Vorderachse stets voll ausgelastet ist ergibt sich an der Hinterachse eine Auslastung zwischen ca. 88 und 92 %. Die Stabilität variiert ebenfalls, nimmt aber stets negative Werte zwischen -50 und -120 $\frac{1}{s^2}$ an. Ein anderes Bild ergibt sich bei Betrachtung der Brems- und Kurveneingangsphasen, die in Abbildung 4.14 dargestellt sind. Als Auswertesektoren wurden die Bremsphasen der Kurven T3, T6, T15 und T16 gewählt, da hier jeweils von einer hohen Geschwindigkeit und um eine Mindestgeschwindigkeitsdifferenz von ca. 100 km/h verzögert wird. Hier überwiegt die Auslastung der Hinterachse $r_{sat,r,BRK}$ in allen Auswertesektoren der Auslastung der Vorderachse $r_{sat,f,BRK}$. Außerdem signalisiert der Stabilitätskennwert $n_{\beta,BRK}$

stets einen open-loop instabilen Zustand für die Bremsphase. Die Kontrollierbarkeit $n_{\delta,BRK}$ bleibt in allen Auswertesektoren auf einem hohen Niveau. Der Unterschied in der Achsauslastung im Übergang von der Bremsphase in die Kurvenmitte kann z.B. an einer hecklastig ausgelegten Bremskraftverteilung liegen. Die Hinterachse wird dann im Vergleich zur Vorderachse überbremst, was zu einer höheren Auslastung hinten und einem instabileren Verhalten führt.

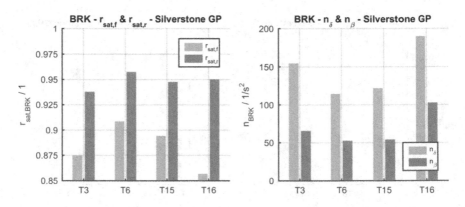

Abbildung 4.14: Gemittelte Auslastung sowie Kontrollierbarkeit und Stabilität in der Bremsphase für alle Auswertesektoren der Strecke Silverstone GP

Die Analyse der Objektivkriterien deutet an, dass in einigen Auswertesektoren ähnliche Zahlenwerte und damit Fahrzustände erreicht werden. Vergleichbare Kurvenradien und -geschwindigkeiten sind z.B. in Silverstone die Kurven T3, T4 und T6 oder T16 und T17. Eine weitere Reduzierung der Objektivkriterien ohne wesentlichen Informationsverlust scheint daher möglich. Eine wesentliche Einflussgröße auf die Fahrdynamik von Rennfahrzeugen ist die Fahrgeschwindigkeit v. In Abbildung 4.15 sind die Objektivkriterien für die Kurvenmitte und die Bremsphase jeweils über die Scheitelpunktgeschwindigkeit v_{APX} (minimale Geschwindigkeit) des Auswertesektors angegeben. Eine Ausgleichskurve deutet jeweils die Abhängigkeit zur Fahrzeuggeschwindigkeit an. Pfeile zeigen außerdem in welche Richtung sich die Fahrzustände von der Bremsphase in die Kurvenmitte ändern. Während die Geschwindigkeitsabhängigkeit der Auslastungskriterien für diese Fahrzeugkonfiguration nicht stark ausgeprägt ist, kann für die Stabilität und Kontrollierbarkeit ein Trend in Richtung extremerer Werte – also höhere Stabilität mit höherer Fahrgeschwindigkeit festgestellt werden. Insbesondere die Auslastung $r_{sat,r}$ in der Kurvenmitte zeigt in den niedrigen Geschwindigkeiten eine Variation, die von der Ausgleichsgeraden nicht wiedergegeben werden kann. Im Fall der vorliegenden Rennstrecke führen Unterschiede der Kurvencharakteristik (z.B. Wechselkurven) zu der dargestellten Situation. Eine solche Darstellung kann dabei helfen, die Konsistenz der Fahrzeugauslastung und der gierdynamischen Kontrollierbarkeit bzw. Stabilität über den gesamten relevanten Geschwindigkeitsbereich einer Rennstrecke hinweg zu überprüfen.

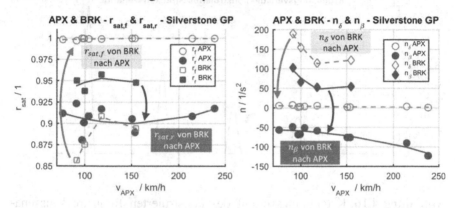

Abbildung 4.15: Objektivkriterien über Geschwindigkeit für Auslastung sowie Kontrollierbarkeit und Stabilität in Kurvenmitte und Verzögern

4.1.5 Bewertung für konstruiertes Streckenszenario

Bereits in der konzeptionellen Auslegung des Rennfahrzeuges ist es wichtig, die zukünftigen Betriebsbedingungen möglichst umfassend in die Entwicklung von Fahrzeugeigenschaften und die Definition von Einstellbereichen einfließen zu lassen. Insbesondere für Rennfahrzeuge, die auf Strecken mit deutlich voneinander unterschiedlichen Kurven- und Geradenanteilen eingesetzt werden, ist eine Bewertung basierend auf einem einzigen Streckenszenario wie im vorherigen Abschnitt nicht ausreichend. Am Beispiel der

Langstreckenweltmeisterschaft WEC werden diese gegensätzlichen Anforderungen beim Vergleich des Circuit de la Sarthe[1] und der Strecke Silverstone GP deutlich. Bei dem Circuit de la Sarthe handelt es sich um eine 13,629 km lange temporäre Strecke, auf der das 24h Rennen von Le Mans[2] stattfindet. Diese Strecke hat einen hohen Anteil an Geraden und langsamen Kurven. Die Anfordrungen an Höchstgeschwindigkeit und die damit verbundenen aerodynamsichen Maßnahmen, wie z.B. die Reduzierung des Luftwiderstands, unterscheiden sich zu denen in Silverstone, wo durch viele schnelle Kurven der Abtrieb eine größere Rolle spielt.

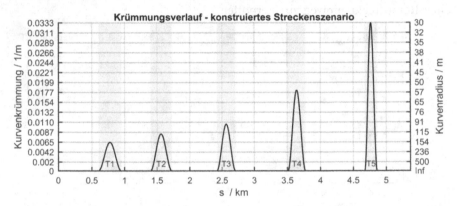

Abbildung 4.16: Krümmungsverlauf des konstruierten Rennstreckenszenarios mit 5 unterschiedlichen Kurvenradien

Bei der Analyse der Objektivkriterien am Beispiel von Silverstone hat sich gezeigt, dass ähnliche Betriebszustände bzw. Kurvencharakteristika keine bzw. nur eine geringe zusätzliche Information liefern. Alle relevanten Rennstrecken in der Optimierung der Fahrzeugeigenschaften zu berücksichtigen, bedeutet einen hohen Rechenzeit- und Analyseaufwand. Besonders in der Konzeptphase ist allerdings eine möglichst effiziente Vorauslegung bzw. Vorhersage notwendig. Eine Möglichkeit zur Reduzierung der Problemgröße ist die Verwendung eines konstruierten Streckenszenarios, das die Eigen-

---

[1] siehe z.B.: https://de.wikipedia.org/wiki/Circuit_des_24_Heures

[2] siehe z.B.: https://de.wikipedia.org/wiki/24-Stunden-Rennen_von_Le_Mans

schaften der relevanten Rennstrecken in wenigen ausgewählten Kurven-szenarien abbildet. Die Zusammensetzung eines konstruierten Strecken-szenarios kann, z.b. aus realen Kurvenverläufen unterschiedlicher realer Strecken bestehen oder vollständig aus statistischen Informationen zu Kurven-radien und weiteren geometrischen Eigenschaften abgeleitet werden. Die Bestimmung des konstruierten Streckenszenarios ist zudem abhängig von der Entwicklungsplanung und weiteren Entwicklungsrandbedingungen, wie z.B. dem technischen Reglement der Rennserie.

Für die vorliegende Arbeit wurde ein einfaches Streckenszenario konstruiert, das fünf Kurven mit unterschiedlichen Radien enthält. Die Auswahl der Radien erfolgt dabei basierend auf den Rennstrecken der Langstreckenwelt-meisterschaft der Saison 2016. In Abbildung 4.16 ist der Krümmungsverlauf über der zurückgelegten Distanz der konstruierten Fahrlinie angegeben. Die minimalen Radien der angegebenen Kurven liegen für T1 bis T5 bei 155, 120, 95, 55, und 30 m. Diese Radien decken für die betrachteten Fahrzeuge einen Kurvengeschwindigkeitsbereich zwischen ca. 70 und 260 km/h ab. Die Verteilung der Kurven mit den dazwischenliegenden Geradenabschnitten wurde erstellt, um ähnliche Geschwindigkeiten am Bremspunkt zu erreichen. Diese liegen für das betrachtete Fahrzeug bei ca. 300 km/h, siehe Abbildung 4.17.

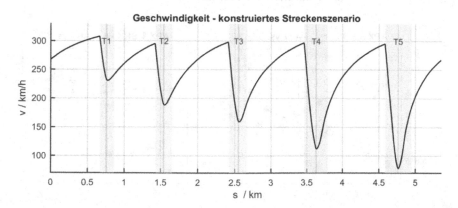

Abbildung 4.17: Geschwindigkeitsverlauf für konstruiertes Szenario

Äquivalent zu der Darstellung der Objektivwerte gegenüber der Scheitel-punktgeschwindigkeit für Silverstone, ist die Auswertung auch für das konstruierte Streckenszanrio in Abbildung 4.18 angegeben. Das konstruierte Szenario weist gegenüber der realen Strecke Silverstone eine gleichverteilte Anzahl an Kurvenradien bzw. -geschwindigkeiten auf. Die Objektivwerte für Achsauslastung und Gierdynamik können mit einem Polynom zweiten Grades gut im Geschwindigkeitsbereich angenähert werden.

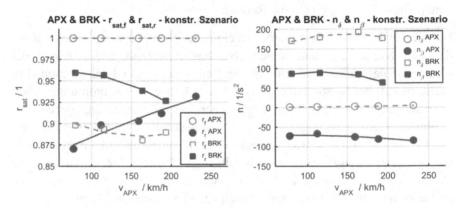

Abbildung 4.18: Objektivkriterien gegenüber Scheitelpunktgeschwindigkeit für konstruiertes Szenario

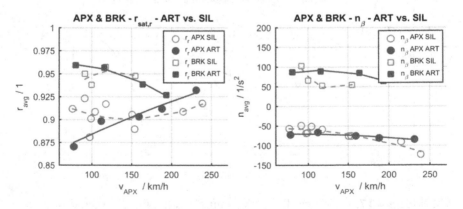

Abbildung 4.19: Ausgewählte Objektivkriterien im Vergleich zwischen Silverstone (SIL) und dem konstruierten Szenario (ART)

Im Vergleich zu den Objektivwerten, die in Silverstone ermittelt wurden, zeigen die Objektivwerte geringe Abweichungen, siehe Abbildung 4.19. Grundsätzlich zeigt sich aber eine Ähnlichkeit der Verläufe. Die Bewertung von Fahrdynamik und Rundenzeit mit einem konstruierten Szenario kann daher als zusätzliches Werkzeug in der Konzeptentwicklung angesehen werden, dass einen Großteil der Informationen in einer effizienten From der Berechnung zur Verfügung stellt.

4.2 Strukturierte Subjektivbewertung

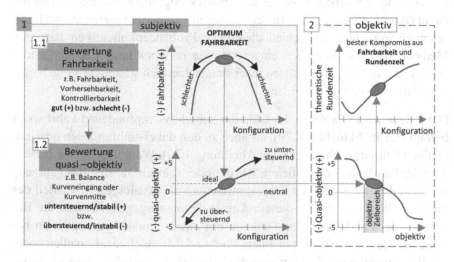

Abbildung 4.20: Vorgehensweise von der zweigeteilten Subjektivbewertung zum subjektiv-objektiv Zusammenhang

Im Motorsport wird die subjektive Bewertung des Fahrverhaltens bzw. die (Funk-) Kommunikation zwischen Rennfahrer und Renningenieur als wichtiges Werkzeug für die effiziente Abstimmung und zur Behebung von Setupproblemen eingesetzt. In der Regel gibt der Fahrer noch während oder direkt nach Beendigung einer Session eine Rückmeldung zum Fahrverhalten. Eine Dokumentation kann mithilfe einer Mitschrift oder eines Audiomitschnitts er-

folgen. Sowohl die Stärke einer Ausprägung als auch die betreffende Fahreigenschaft erschließen sich in der Regel nur aus dem Kontext und können basierend auf der Wortwahl und Ausdrucksweise zwischen verschiedenen Fahrern variieren. Die Bewertung des Fahrverhaltens ist damit nicht strukturiert,
da weder eine zahlenmäßige Quantifizierung der Stärke einer Auffälligkeit
noch die Einteilung in Kategorien stattfindet. Für die Analyse und das Auffin-
den von objektiven Zusammenhängen ist dieses Vorgehen aufgrund der fehlenden Quantifizierung und Kategorisierung ungeeignet.

Um die subjektiv erlebte Fahrbarkeit zu quantifizieren und fahrdynamische
Zielbereiche festlegen zu können, soll in dieser Arbeit eine strukturierte Form
der Subjektivbewertung zum Einsatz kommen. Die systematische Bewertung
anhand eines Fragebogens ist aus der Entwicklung von Serienfahrzeugen bekannt (Abschnitt 2.2.2), und findet sowohl mit Expertenfahrern als auch mit
Normalfahrern und unterschiedlich großen Probandenkollektiven statt. Als
Methode wird ein Vorgehen eingesetzt, wie in Abbildung 4.20 dargestellt
wird. Für das Vorgehen müssen zwei unterschiedlich gestaltete Fragebögen
vom Fahrer beantwortet werden.

Der Fahrer wird sowohl zu der Güte der subjektiv empfundenen Fahrbarkeit
befragt (1.1 in Abbildung 4.20), als auch zu den dabei empfundenen quasiobjektiven Fahreigenschaften (1.2 in Abbildung 4.20). Während also die Bewertung der Fahrbarkeit quantifiziert, wie gut oder schlecht fahrbar das Fahrzeug
ist, dient die Bewertung der Fahreigenschaften als quasiobjektives Urteil des
Fahrverhaltens. Es wird in diesem Ansatz davon ausgegangen, dass die Bewertung der Fahrbarkeit eine Funktion mit einem eindeutigen Optimum beschreibt. Die Fahrbarkeit ist in einem Punkt oder Bereich ideal. in allen anderen Richtungen verschlechtert sich die Fahrbarkeit. Sowohl ein zu übersteuerndes als auch ein zu untersteuerndes Fahrzeug würden beide eine schlechte
Bewertung der Fahrbarkeit erhalten, obwohl die objektiven Bewertungskriterien große Unterschiede zeigen. Mithilfe der quasiobjektiven Bewertung des
Fahrverhaltens kann der subjektiv-subjektiv Zusammenhang zwischen Über-
und Untersteuern und der Fahrbarkeit ermittelt werden, bevor in Schritt 2 ein
Zusammenhang zu den Objektivkriterien gesucht wird. Die dafür entwickelten
Fragebögen werden in den folgenden zwei Abschnitten vorgestellt.

4.2.1 Bewertung quasiobjektives Fahrverhalten

Abbildung 4.21 zeigt den Subjektivfragebogen für die Bewertung des quasiobjektiven Fahrverhaltens. Die Einteilung der Fragen erfolgt in jeweils 3 Kategorien, die sich an den zuvor vorgestellten Objektivkriterien orientieren. Der Fragebogen enthält 7 Fragen mit einer bipolaren Skala, die jeweils gegensätzliche Ausprägungen einer Fahreigenschaft benennen. Die Skala ist in 11 Antwortmöglichkeiten von minus bis plus fünf aufgeteilt, wobei null eine neutral erlebte Fahreigenschaft ausdrückt. Mit dem gewählten Bewertungsschema ergibt sich die Möglichkeit die Sensitivität des erlebten Fahrverhaltens bezogen auf die Fahrzeugvarianten zu analysieren und die Extremwerte des Variantenkollektivs gegebenenfalls anzupassen. Zusätzlich kann analysiert werden, wie stark sich eine Variation im subjektiv bewerteten Fahrverhalten auf die erreichbare Rundenzeit auswirkt. Wenn der Fahrer in einem großen Bewertungsbereich (z.B. zwischen -2 und +2) ähnlich geringe Rundenzeiten erreichen kann – hat also die abgefragte Fahreigenschaft nur einen geringen Einfluss auf die erreichbare Rundenzeit – ist diejenige Fahrzeugkonfiguration auszuwählen, in der die Fahrbarkeit als ideal bewertet wurde. Wenn allerdings die Fahrbarkeit mit dem Erreichen von niedrigeren Rundenzeiten stetig schwieriger wird, ist ein Kompromiss aus Fahrbarkeit und erreichbarer Rundenzeit zu treffen. Um den Fragebogen möglichst einfach zu halten, wurden die Fragen nur in Geschwindigkeitsbereiche (LS – niedrig & HS – hoch) anstatt in die Abfrage einzelner Kurven aufgeteilt. Es handelt sich damit um eine quasiobjektive Wahrnehmungsbewertung [83, 133].

Die erste Kategorie enthält 2 Fragen B1 und B2 die sich auf das Kurvenverhalten im Bereich der Kurvenmitte beziehen. Der Fahrer bewertet die querdynamische Balance zwischen Über – und Untersteuern. Beide Fragen beziehen sich jeweils auf den Grenzbereich des Fahrzeuges mit einem Hinweis auf die Limitierung der jeweiligen Achse. Empfindet der Fahrer das Fahrzeug z.B. in der Kurvenmitte in langsam gefahrenen Kurven als neutral erfolgt die Bewertung auf die Frage B1 = 0. Halbe Punkte können vergeben werden, um geringe Unterschiede zwischen Varianten zum Ausdruck zu bringen. Die Fragen B3 bis B5 beziehen sich auf das kombinierte längs- und querdynamische Verhalten, wobei nur für das Kurveneingangsverhalten eine Unterscheidung in unterschiedliche Geschwindigkeitsbereiche stattfindet, da am Kurvenausgang durch die begrenzte Leistung des Antriebsstranges eine Traktionslimitierung

Handling

Mid Corner	**Balance**	How do you feel the vehicle balance mainly in mid corner condtions, without braking or accelerating. (e.g. front axle limited - understeer | rear axle limited - oversteer)												
		oversteer	-5	-4	-3	-2	-1	0	1	2	3	4	5	
	B1	LS												understeer
	B2	HS												
Combined	**Brake & Turn In**	In combined braking situations: Does the vehicle tend to spin (rear instability) or to push?												
		spin	-5	-4	-3	-2	-1	0	1	2	3	4	5	
	B3	LS												push
	B4	HS												
	Traction & Exit	In combined traction situations: Does the vehicle tend to snap or to push?												
			-5	-4	-3	-2	-1	0	1	2	3	4	5	
	B5	snap												push
Transient	**Initial Turnin**	How fast is the vehicle reacting on initial steering application (from zero) - corners without much braking or acceleration												
			-5	-4	-3	-2	-1	0	1	2	3	4	5	
	B6	lazy												reactive
	Change Direction	How fast is the vehicle reacting on a change of direction - e.g. in slalom/chicane situations												
			-5	-4	-3	-2	-1	0	1	2	3	4	5	
	B7	lazy												reactive

Abbildung 4.21: Subjektivfragebogen für das quasiobjektive Fahrverhalten

nur bei niedrigen Geschwindigkeiten auftritt. Die Fahrzeugreaktion in den jeweiligen Situationen wird unterschieden in ein Schieben in Richtung Kurvenaußenseite (*push*) und einer Überreaktion der Hinterachse (*spin, snap*), die sich zum Beispiel in einem instabilen Verhalten beim Bremsen in die Kurve äußert. Die letzte Kategorie bezieht sich auf die transiente Fahrzeugreaktion zum einen beim Lenken aus der Mittellage und zum anderen bei einem Richtungswechsel z.B. bei der Durchfahrt einer Schikane. Sowohl eine zu schnelle Reaktion als auch eine zu langsame Reaktion können den Fahrer daran hindern das Fahrzeug am Limit durch die Kurve zu führen. In dieser Kategorie ist besonders nach den Bereichen gefragt, in denen das Fahrzeug weder stark beschleunigt noch verzögert wird, also beispielsweise beim Durchfahren von schnellen Kurven (z.B. Silverstone GP T9) bzw. Wechselkurven (z.B. Silverstone GP T10 – T12).

4.2.2 Bewertung Fahrbarkeit

Der zweite Teil des Fragebogens ist in Abbildung 4.22 dargestellt. Dieser ist auf den Gesamteindruck des Fahrers in Bezug auf die Fahrbarkeit ausgerichtet. Es wird im Gegensatz zum ersten Teil eine unipolare Skala mit nur fünf Skaleneinheiten verwendet, die zwischen gut und schlecht unterscheidet, wobei die beste Bewertung eine fünf ist. Der Fragebogen ist eine aus der Subjektivbewertung von Kraftfahrzeugen bekannte Gefallensbewertung [83, 96]. In der ersten Frage D1 wird der Gesamteindruck der Fahrbarkeit abgefragt. Die Erweiterung in den Fragen D2 bis D5 nehmen Bezug auf einzelne Eigenschaften, die zu einer guten bzw. schlechten Fahrbarkeit führen können.

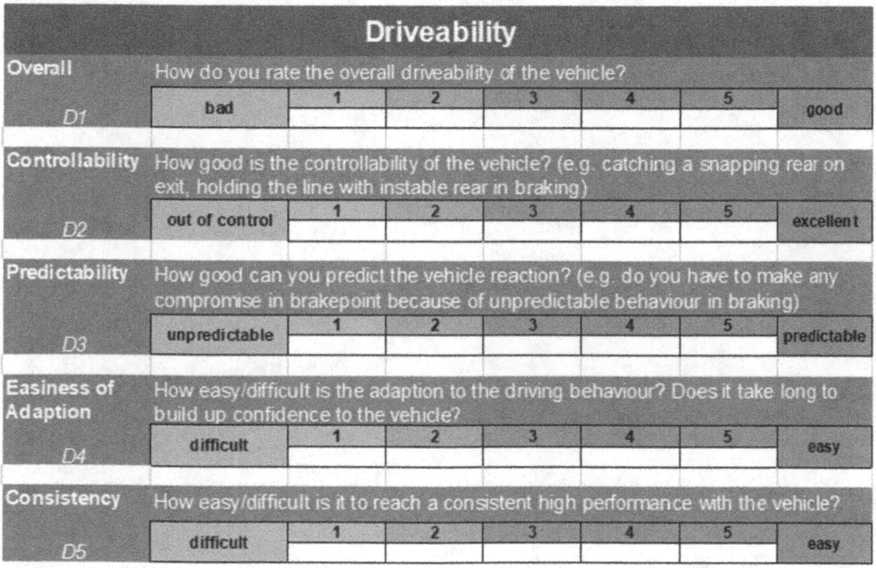

Driveability						
Overall	How do you rate the overall driveability of the vehicle?					
D1	bad	1	2	3	4	5	good
Controllability	How good is the controllability of the vehicle? (e.g. catching a snapping rear on exit, holding the line with instable rear in braking)					
D2	out of control	1	2	3	4	5	excellent
Predictability	How good can you predict the vehicle reaction? (e.g. do you have to make any compromise in brakepoint because of unpredictable behaviour in braking)					
D3	unpredictable	1	2	3	4	5	predictable
Easiness of Adaption	How easy/difficult is the adaption to the driving behaviour? Does it take long to build up confidence to the vehicle?					
D4	difficult	1	2	3	4	5	easy
Consistency	How easy/difficult is it to reach a consistent high performance with the vehicle?					
D5	difficult	1	2	3	4	5	easy

Abbildung 4.22: Subjektivfragebogen für die Fahrbarkeit

Diese Eigenschaften basieren auf einer Auswertung von Fahrerreports, in denen die dargestellten Schlüsselwörter häufig genannt wurden. Zu einer guten Fahrbarkeit gehört z.B. ein hohes Maß an Kontrollierbarkeit (*Controllability*) auch in Situationen, in denen das Fahrzeug schon am bzw. über dem Limit bewegt wurde. Als weitere Eigenschaft ist die Vorhersehbarkeit (*Predictability*) der Fahrzeugreaktion angeführt, die es dem Fahrer z.B. ermöglicht das Fahrzeug zu einem späten Zeitpunkt zu bremsen, weil die Fahrzeugreaktion während des Bremsvorgangs und am Kurveneingang vorhersehbar ist. Die Fragen D4 und D5 beziehen sich auf die Eingewöhnung an das Fahrzeugverhalten und das konsistente Erreichen von niedrigen Rundenzeiten (*Consistency*). Die Einfachheit der Eingewöhnung (*Easiness of Adadption*) spielt insbesondere bei Rennveranstaltungen eine wichtige Rolle, da die Fahrzeiten für jeden Fahrer zeitlich begrenzt sind und im Qualifikationstraining in der Regel nur ein Versuch für eine schnelle Runde möglich ist. Im Gegensatz zum Qualifikationstraining ist im Rennen eine hohe Konsistenz schneller Rundenzeiten notwendig.

5   Exemplarische Anwendung der Methode

Um das Ziel der virtuellen Vorabstimmung erreichen zu können, muss neben den objektiven Aussagen zu Rundenzeit und Fahrverhalten bekannt sein, wie groß die Zielbereiche für eine ausreichende Fahrbarkeit sein müssen. Die Ermittlung dieser Zielbereiche bzw. einer Zielfunktion findet in der vorgeschlagenen Methodik mithilfe eines realen Fahrers statt. Exemplarisch wird die Anwendung der Methode mit Versuchen am Fahrsimulator gezeigt. Der Fahrsimulator wird als geeignetes Werkzeug angesehen, um das Verhalten eines realen Fahrers in einer kontrollierten Modellumgebung zu analysieren und stellt unter den restriktiven Randbedingungen einer Motorsportabteilung eine effiziente und kostengünstige Möglichkeit für das Testen von einer Vielzahl an Varianten dar. Außerdem ermöglicht die virtuelle Umgebung eines Fahrsimulators eine einfache Analyse von Größen, die an realen Fahrzeugen nur mit erheblichem Messaufwand zu bestimmen sind.

Für die Versuche wurde ein eigenes konzeptionelles Fahrzeugmodell erstellt, dass wiederum in eine Vielzahl von Varianten konfiguriert werden konnte. Alle Versuche wurden auf einem Modell der Strecke Silverstone GP durchgeführt, die ein breites Spektrum an unterschiedlichen Kurvenkombinationen bietet. Es standen insgesamt drei Rennfahrer der Audi AG zur Verfügung. Für jede getestete Variante wurde der Subjektivfragebogen durch den Fahrer ausgefüllt um als Datengrundlage für die spätere Analyse der Zusammenhänge zu dienen.

Der Aufbau von Kapitel 5 ist in Abbildung 5.1 dargestellt. Im ersten Abschnitt 5.1 soll zuerst betrachtet werden, wie sich einzelne Fahrzeugeigenschaften auf die theoretische Rundenzeit auswirken. Besonderer Fokus gilt dem Vergleich des Einflusses einer Grundeigenschaft (z.B. Masse, Abtrieb, Haftung) gegenüber dem Einfluss der entsprechenden Verteilung zwischen Vorder- und Hinterachse (Massenverteilung, Abtriebsverteilung, Haftungsverteilung). Darauf basierend erfolgt die Definition der Varianten, die durch den Rennfahrer am Fahrsimulator evaluiert werden.

© Der/die Autor(en), exklusiv lizenziert durch
Springer Fachmedien Wiesbaden GmbH, ein Teil von Springer Nature 2021
F. Goy, *Objektivierung der Fahrbarkeit im fahrdynamischen Grenzbereich von Rennfahrzeugen*, Wissenschaftliche Reihe Fahrzeugtechnik Universität Stuttgart, https://doi.org/10.1007/978-3-658-36048-1_5

In Abschnitt 5.2 wird die Versuchsdurchführung beschrieben und ein qualitativer Vergleich zwischen Rundenzeitsimulation und realem Fahrer durchgeführt. Es wird daraufhin in Abschnitt 5.3 betrachtet, ob sich Zusammenhänge zwischen erreichter und theoretischer Rundenzeit sowie zwischen fahrdynamischen Objektivkriterien und der Subjektivbewertung ergeben. Im letzten Abschnitt 5.4 werden basierend auf den gefundenen Zusammenhängen die Zielbereiche definiert, in denen das konzeptionelle Fahrzeug sowohl fahrbar als auch rundenzeitminimal eingestellt werden kann.

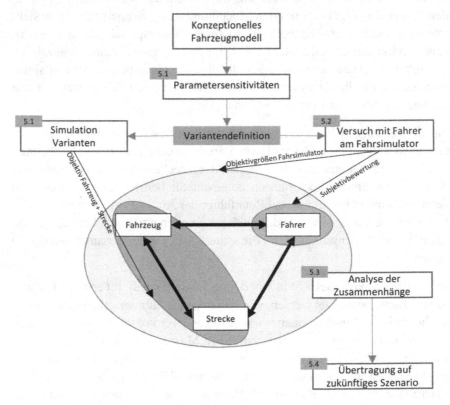

Abbildung 5.1:   Struktur von Kapitel 5

5.1 Fahrzeugmodell und Parametersensitivitäten

Die theoretische Rundenzeitperformance eines Rennfahrzeuges ist das maßgebliche Ergebnis der Rundenzeitsimulation und damit eines der Hauptkriterien zur virtuellen Vorauslegung von Fahrzeugeigenschaften. Mit den in Kapitel 4 eingeführten Objektivwerten zur Beschreibung des Fahrverhaltens liegen zusätzliche Größen vor, die zu einer zielgerichteten Abstimmung des Fahrzeuges in Bezug zur Rundenzeit gesetzt werden müssen, damit eventuelle Zielkonflikte sichtbar werden. Dieser Abschnitt beschreibt das verwendete Referenzfahrzeugmodell näher und stellt die Rundenzeitsensitivitäten von wenigen Grundparametern auf Basis der Strecke Silverstone GP dar. Daraufhin werden die Varianten für die Versuche am Fahrsimulator näher erläutert.

5.1.1 Referenzfahrzeugmodell

Für diese Arbeit wurde der Fokus auf Rennfahrzeuge gelegt, die von der Motorsportabteilung der Audi AG zum Zeitpunkt der Erstellung entwickelt wurden. Bei den Rennfahrzeugen handelte es sich um Langstreckenprototypen zum Einsatz in der WEC und um Tourenwagenprototypen zum Einsatz in der DTM. Für die folgenden Untersuchungen wurde dabei auf Daten von dem Langstreckenprototypen Audi R18 RP6 aus der Saison 2016 zurückgegriffen. Das Fahrzeug ist ein LMP1 Prototyp und wird durch einen Hybridantriebsstrang angetrieben. Die Hinterachse wird durch einen aufgeladenen V6 Diesel Verbrennungsmotor angetrieben und an der Vorderachse ist eine Motor-Generatoreinheit verbaut, die sowohl antreibend als auch generatorisch eingesetzt werden kann. Wenn beide Motoren benutzt werden, hat das Fahrzeug eine maximale Systemleistung von ca. 730 kW bei einem Mindestgewicht von 875 kg ohne Fahrer und Kraftstoff. Die veröffentlichten Eckdaten des Fahrzeuges können [121] entnommen werden und sind auch im Anhang A1 abgedruckt.

Für die Durchführung der Versuche wurde das Fahrzeugmodell gegenüber dem Realfahrzeug in folgenden Punkten verändert:

■ die Motor-Generatoreinheit an der Vorderachse wurde deaktiviert, damit entspricht das betrachtete Fahrzeug einem reinen Heckantrieb (vgl. Formel 1 und DTM)

■ die aerodynamischen Eigenschaften wurden vereinfacht, um sowohl Gesamtabtrieb als auch Abtriebsverteilung vorne/hinten gezielt einstellen zu
können

■ die Feder- und Dämpferelemente der Aufhängung wurden an die veränderten aerodynamischen Eigenschaften angepasst und mit linearen Übersetzungsverhältnissen parametriert

■ die Bremskraftverteilung der hydraulischen Bremskreise wurde auf einen
festen Wert eingestellt

■ die Gesamtmasse inklusive Fahrer und Kraftstoff wurde auf 1000 kg festgelegt

Insgesamt wird mit den genannten Punkten eine Vereinfachung des Fahrzeugmodells erreicht. Einerseits wird die Komplexität vermieden, die mit dem
Hybrid-Antriebsstranges und den verknüpften Betriebsstrategien einhergeht
und andererseits werden kontrollierte aerodynamische Randbedingungen mit
weniger Abhängigkeiten geschaffen. Das auf diese Weise erstellte Fahrzeugmodell kann mit den beschriebenen Veränderungen als Konzeptfahrzeug betrachtet werden und eignet sich daher für die Aufgabe der virtuellen Vorabstimmung. Unverändert von Realfahrzeugdaten wurde der verbrennungsmo-
torische Antriebsstrang inklusive Traktionskontrolle, die Reifeneigenschaften,
die kinematischen- und elastokinematischen Eigenschaften der Radstellung,
sowie alle geometrischen und Trägheitseigenschaften übernommen.

Die fünf Grundeigenschaften Antriebsleistung, Fahrzeugmasse, Reifenhaftung, aerodynamischer Abtrieb und Luftwiderstand haben einen maßgeblichen
Einfluss auf die Rundenzeit von Rennsportfahrzeugen und stellen die Haupt-
arbeitsgebiete in der Performanceentwicklung dar:

■ maximale Antriebsleistung – höhere Antriebsleistung verhilft zu größerer
Beschleunigung und höherer Endgeschwindigkeit

■ Fahrzeugmasse – eine geringere Masse führt zu schnelleren Rundenzeiten, da mit den gleichen Antriebs- und Bremskräften das Fahrzeug stärker
beschleunigt bzw. verzögert werden kann und eine höhere Reifenhaftung
durch den Effekt der Radlastdegression vorliegt

■ maximale Reifenhaftung – alle Kräfte zwischen Fahrzeug und Straße müssen durch den Reifenlatsch übertragen werden. Eine höhere Haftung ermöglicht höhere Längs- und Querbeschleunigungen

■ aerodynamischer Abtrieb – erhöht die Normalkräfte zwischen Fahrzeug und Straße und steigt quadratisch mit der Geschwindigkeit. Mit höherem Abtrieb steigen maximal mögliche Längs- und Querbeschleunigungen

■ aerodynamischer Luftwiderstand – Kraft, die der Bewegungsrichtung des Fahrzeuges entgegenwirkt und genau wie der Abtrieb quadratisch mit der Geschwindigkeit wächst. Antriebsleistung und Luftwiderstand sind die zwei Haupteinflussfaktoren für die Höchstgeschwindigkeit des Fahrzeuges.

Für ein gegebenes Fahrzeug und eine gegebene Rennstrecke werden die Rundenzeitsensitivitäten auf diese Eigenschaften im Vorfeld von Test- und Renneinsätzen bestimmt, da je nach Streckencharakteristik mehr oder weniger Einfluss von den genannten Eigenschaften ausgehen kann. Eine Strecke mit einem hohen Geradenanteil wie z.B. der Circuit de la Sarthe hat in der Regel eine höhere Gewichtung auf Antriebsleistung und aerodynamischen Luftwiderstand im Gegensatz zu einer kurvendominierten Strecke wie z.B. Silverstone GP.

Abhängig vom technischen Reglement der jeweiligen Rennserie ist der Einfluss auf die genannten Eigenschaften begrenzt. Beispielhaft können Einheitsreifen, die Regulierung der Motorleistung durch Beschränkung des maximal möglichen Kraftstoffdurchflusses und ein Mindestgewicht erwähnt werden. Dadurch werden die Spielräume für die Entwicklung reduziert und die aerodynamische Performance rückt in den Mittelpunkt der Entwicklung.

Um ein grundlegendes Verständnis für den Einfluss von Fahrzeugeigenschaften auf die Rundenzeit zu erlangen, ist für das beschriebene Fahrzeug beispielhaft der Einfluss von maximaler Motorleistung und Fahrzeugmasse auf die berechnete Rundenzeit für die Strecke Silverstone GP in Abbildung 5.2 angegeben. Sowohl die maximale Motorleistung als auch die Fahrzeugmasse haben im gewählten Bereich eine eindeutige Tendenz, d.h. die Verbesserung einer Eigenschaft führt auch zur Verbesserung der theoretischen Rundenzeit. Diese Beobachtung kann für alle genannten Grundeigenschaften gemacht werden.

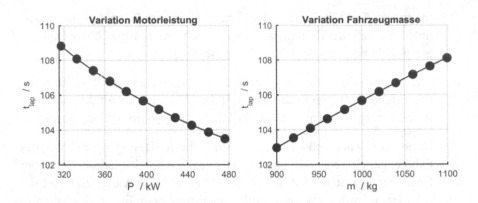

Abbildung 5.2: Rundenzeiteinfluss von maximaler Motorleistung und Fahrzeuggesamtmasse

Der Gradient der Kurven in Abbildung 5.2 gibt an, wie hoch der Rundenzeiteinfluss von der Änderung einer Fahrzeugeigenschaft ist und wird auch als
Rundenzeitsensitivität bezeichnet. Für die fünf genannten Eigenschaften sind
die Rundenzeitsensitivitäten in Abbildung 5.3 angegeben. Für die Berechnung
der Sensitivitäten wurden Größenordnungen angenommen, wie sie in der Pra-
xis auftreten. Die Ausgangswerte für die jeweiligen Eigenschaften sind in der
Grafik ebenfalls mit angegeben. Für die Sensitivität der Reifenhaftung wurde
der prozentuale Wert ausgehend vom Referenzwert angenommen und für die
aerodynamischen Eigenschaften in der Einheit der Koeffizienten gerechnet.
Für die gegebene Strecke-Fahrzeugkombination haben z.B. 100 Punkte Abtrieb (entspricht $\Delta c_z = 0{,}1$) und 10 kg Fahrzeugmasse einen ähnlichen Effekt
auf die Rundenzeit. Ausgehend von diesen Sensitivitäten kann z.B. entschie-
den werden welche Maßnahme am Fahrzeug am einfachsten umsetzbar ist.

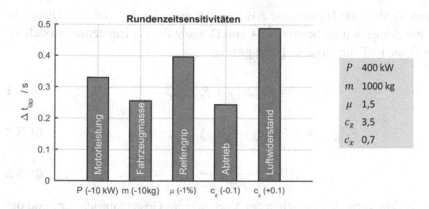

Abbildung 5.3: Rundenzeitsensitivitäten von fünf Eigenschaften mit eindeutigem Rundenzeiteinfluss

5.1.2 Variation aerodynamischer Fahrzeugeigenschaften

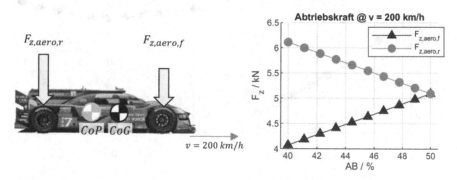

Abbildung 5.4: Aerodynamische Abtriebsverteilung AB und Vertikalkräfte $F_{z,f}$ und $F_{z,r}$ bei 200km/h

Aerodynamischer Abtrieb ist eines der Hauptunterscheidungsmerkmale zwischen Rennfahrzeugen und Serienfahrzeugen. Wie in Abbildung 5.3 gezeigt wurde, haben aerodynamischer Abtrieb und Luftwiderstand einen erheblichen Einfluss auf die Rundenzeit des Fahrzeuges. Für das querdynamische Fahrverhalten ist neben dem Gesamtabtrieb $F_{z,aero}$ die Verteilung des Abtriebs zwischen Vorder- und Hinterachse AB relevant, siehe Gl. 5.1 - Gl. 5.3. Diese Zusammenhänge wurde bereits 1984 von Dominy für ein Rundenzeitmodell eines Formel 1 Fahrzeuges in [134] gezeigt.

$$F_{z,aero} = F_{z,aero,f} + F_{z,aero,r} \qquad \text{Gl. 5.1}$$

$$F_{z,aero} = 0{,}5 \cdot (c_{z,f} + c_{z,r}) \cdot \rho_{air} \cdot v^2 \qquad \text{Gl. 5.2}$$

$$AB = \frac{c_{z,f}}{c_{z,f} + c_{z,r}} \qquad \text{Gl. 5.3}$$

Der direkte Vergleich zwischen der Variation des Gesamtabtriebes c_z und der Abtriebsverteilung AB zwischen Vorder- und Hinterachse in Abbildung 5.5 zeigt allerdings, dass die Abtriebsverteilung einen wesentlich geringeren Einfluss auf die theoretisch minimale Rundenzeit t_{lap} hat, als der Gesamtabtrieb.

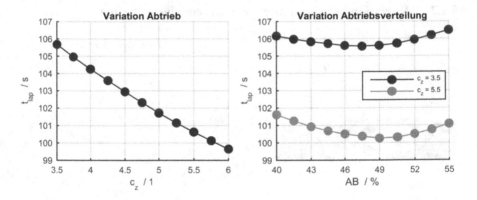

Abbildung 5.5: Rundenzeit t_{lap} der Variationen von Gesamtabtrieb c_z und Abtriebsverteilung AB für $c_z = 3{,}5$ und $c_z = 5{,}5$

Das ist nachvollziehbar, da durch die Änderung der Abtriebsverteilung AB keine zusätzlichen Normalkräfte zur Erhöhung des Haftungspotenzials generiert werden. Die Veränderung der Rundenzeit kann also nur daher bedingt sein, dass die beide Fahrzeugachsen besser bzw. schlechter ausgenutzt werden. Sowohl das Optimum als auch der Rundenzeiteinfluss unterscheiden sich zwischen den zwei Aerodynamikvarianten. Das Optimum für die $c_z = 3{,}5$ Variante liegt zwischen 47 und 49 % und der Rundenzeiteinfluss ist weniger deutlich als bei der $c_z = 5,5$ Variante, bei der das Optimum zwischen 49 und 51 % liegt.

Die angenommenen Zahlenwerte für den Gesamtabtrieb wurde für die Darstellung so gewählt, dass eine große Bandbreite von Rennfahrzeugen bzw. Setupkonfigurationen erfasst wird. Die unteren c_z-Werte lassen sich beispielsweise heutigen GT Fahrzeugen zuordnen, während die höheren Werte durch Prototypen- und Monopostofahrzeuge erreicht werden können. Auch unterschiedliche Aerodynamikvarianten von einem einzigen Fahrzeug sind in der Lage hohe Spreizungen abzubilden. Als Beispiel sind in Abbildung 5.6 die beiden Aerodynamikvarianten des Audi R18 der Saison 2016 dargestellt, die sich visuell insbesondere in der Form der Frontpartie voneinander unterscheiden.

Abbildung 5.6: Vergleich von zwei Aerodynamikvarianten des Audi R18 der Saison 2016 [135]

Bisher wurden die zwei Variationen nur unter dem Gesichtspunkt der Rundenzeit betrachtet. Müsste man basierend auf Abbildung 5.5 eine Entscheidung bezüglich einer vom Optimum abweichenden Abtriebsverteilung treffen, wären beide Richtungen mit einem vergleichbaren Rundenzeitnachteil möglich. In Abbildung 5.7 wird die gemittelte Giermomentenstabilität in der Kurvenmitte $n_{\beta,APX}$ für alle Aerodynamikvarianten angegeben. Ein höherer Gesamtabtrieb führt bei konstanter Abtriebsverteilung zu niedrigeren Werten der Giermomentenstabilität n_β, also einer höheren Stabilität. Das betrachtete Fahrzeug mit hohem Abtrieb ($c_z = 5,5$) ist laut dem linken Graphen auch am

Rande des Haftungslimits stabiler als das Fahrzeug mit wenig Abtrieb ($c_z =$ 3,5). Der Trend des Graphen zeigt ein ähnlich eindeutiges Verhalten wie schon der Rundenzeitgraph in Abbildung 5.5. Ein wesentlicher Unterschied ergibt sich bei der Betrachtung der Abtriebsverteilung AB im rechten Graphen. Die Stabilität n_β hat eine eindeutige Abhängigkeit von der Abtriebsverteilung. Die Abtriebsverteilung AB beeinflusst den Stabilitätswert n_β außerdem in einem größeren Wertebereich als die Variation des Gesamtabtriebs c_z im linken Graphen. Wenn angenommen wird, dass das Fahrzeug nur für $n_\beta <$ $-80 \ 1/s^2$ fahrbar ist, müsste die Variante mit geringem Abtrieb auf $AB <$ 41,5% eingestellt werden. Die Konfiguration mit hohem Abtrieb könnte hingegen auf eine Verteilung von $AB < 48\%$ eingestellt werden.

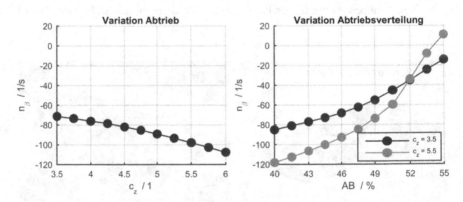

Abbildung 5.7:   Gemittelte Giermomentenstabilität n_β für die Variation von Gesamtabtrieb c_z und der Abtriebsverteilung AB

Wird die Abtriebsverteilung AB variiert, ändern sich Stabilität n_β und Kontrollierbarkeit n_δ wechselseitig. Mehr Abtrieb auf der Vorderachse verringert die Stabilität aber erhöht die Kontrollierbarkeit. Über diese qualitativen Aussagen hinaus kann nur durch einen realen Fahrer beantwortet werden, wie groß der Balancebereich ist, der die niedrigste Rundenzeit mit der einfachsten Fahrbarkeit vereint.

5.1.3 Variation von Reifeneigenschaften

Die Rundenzeitsensitivitäten in Abbildung 5.3 zeigen bei einer Veränderung der maximalen Reifenhaftung um 1% einen Rundenzeiteinfluss von $\Delta t_{lap} = 0,4\ s$. Die Eigenschaften der Reifen-Fahrbahn Interaktion unterliegen im Motorsport großen Schwankungen, die teilweise mit variierenden Umgebungsbedingungen erklärt werden können. Die thermischen Zustandsgrößen sowie die Beschaffenheit des Fahrbahnbelages können Einfluss auf zahlreiche Reifeneigenschaften, wie z.B. den maximalen Haftkoeffizienten haben [5, 12, 136].

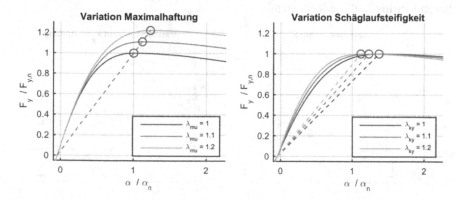

Abbildung 5.8: Normiertes Schlupf-Querkraftverhalten eines Rennreifens für die Skalierung von maximaler Haftung λ_{mu} und Schräglaufsteifigkeit λ_{ky}

Reifeneigenschaften im Bereich der Quer- bzw. Längsdynamik werden durch das nichtlineare Schlupf- Kraftverhalten beschrieben, das beispielhaft in Abbildung 5.8 angegeben ist. Für die nachfolgenden Betrachtungen sollen sowohl die Einflüsse der maximalen Reifenhaftung μ_{max}, als auch die der Schräglaufsteifigkeit k_y auf das Fahrverhalten bzw. die Rundenzeit bewertet werden. Das wird durch die Skalierungsfaktoren λ_μ für Reifenhaftung und λ_{ky} für die Schräglaufsteifigkeit für das in Abschnitt 3.2 vorgestellte Reifenmodell erreicht. Für die Variation der maximalen Reifenhaftung, die im linken Graphen angegeben ist, liegen die Kraftmaxima jeweils unterschiedlich hoch, wobei die Schräglaufsteifigkeit – die Kurvensteigung aus der Nulllage – konstant bleibt.

Äquivalent zu den aerodynamischen Eigenschaften liegt in den nachfolgenden Untersuchungen der Fokus auf der Verteilung der Haftung bzw. Schräglaufsteifigkeit zwischen Vorder- und Hinterachse. Abbildung 5.9 zeigt den Rundenzeiteinfluss einer absoluten Änderung von maximaler Haftung μ bzw. Schräglaufsteifigkeit k_y sowie die Änderung der Verteilung zwischen Vorder- und Hinterachse GB bzw. KYB. Die Erhöhung der maximalen Reifenhaftung μ bringt einen eindeutigen Rundenzeitvorteil durch die gestiegenen Fahrzeugbeschleunigungspotenziale. Eine Veränderung der Reifenschräglaufsteifigkeit k_y oder der Schräglaufsteifigkeitsverteilung KYB haben einen vernachlässigbaren Einfluss auf die Rundenzeit.

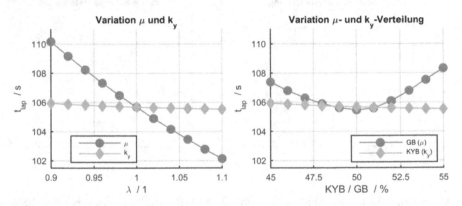

Abbildung 5.9:   Rundenzeit der Variation von maximaler Haftung μ und Schräglaufsteifigkeit k_y bzw. der Verteilungen

Der Grund für die geringe Verbesserung der Rundenzeit mit zunehmender Schräglaufsteifigkeit bzw. -verteilung kann mit der Reduzierung des Kurvenwiderstandes erklärt werden. Eine höhere Schräglaufsteifigkeit führt dazu, dass die gleiche Kraft schon bei einem geringeren Schlupfzustand erreicht wird und daher weniger Energie verbraucht wird, bis der Schlupfzustand / Schräglaufwinkel erreicht ist. Die Veränderung der Haftungsverteilung GB hat dahingegen einen Rundenzeiteinfluss mit einem eindeutigen Optimum bei ca. 50%. Das heißt, dass aus Rundenzeitsicht die Vorder- und Hinterachse eine gleichwertige Bedeutung haben. Eine Verschiebung der Haftungsverteilung abweichend von 50% führt zu einem theoretischen Rundenzeitnachteil.

5.1.4 Variation von Masseeigenschaften

Die minimale Fahrzeugmasse ist in der Regel durch das technische Reglement der jeweiligen Rennserie vorgegeben. Der Rundenzeitsensitivität auf eine Massenvariation ist daher meist eher für die Renn- bzw. Boxenstopstrategie von Interesse. Die Verteilung der Fahrzeugmasse zwischen Vorder- und Hinterachse ist jedoch in gewissen Grenzen einstellbar und kann z.B. in Form von Ballastgewichten auch als Setupgröße eingesetzt werden.

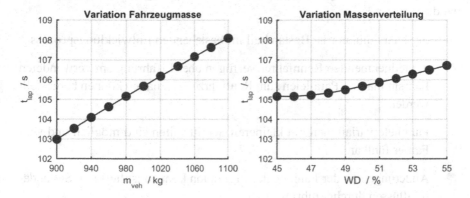

Abbildung 5.10: Rundenzeit der Variation von Fahrzeuggesamtmasse m_{veh} bzw. der Massenverteilung WD

Im Gegensatz zu aerodynamischen Eigenschaften hat die Massenverteilung in allen Geschwindigkeitsbereichen einen Einfluss auf das Fahrverhalten. Die Variation der Fahrzeuggesamtmasse m_{veh} in Abbildung 5.10 zeigt einen vergleichsweise hohen Rundenzeiteinfluss. Die Massenverteilung zwischen Vorder- und Hinterachse WD hat einen deutlich geringeren Einfluss und zeigt ein Optimum nahe dem Randwert der durchgeführten Variation bei $WD = 45\%$.

5.2   Versuche am Fahrsimulator

Die exemplarische Anwendung der vorgestellten Methodik erfolgt aus unterschiedlichen Gründen zunächst am Fahrsimulator, der in Abschnitt 3.3 vorgestellt wurde. Ein Fahrsimulator bietet eine höhere Flexibilität im Vergleich zu
Realversuchen, und ermöglicht nahezu Laborbedingungen für Erprobungen,
die typischerweise mit hohem Stresslevel und unter hohen physischen und
mentalen Anforderungen für Fahrer und Team einhergehen. Weitere Gründe
sind:

■   der Fahrsimulator ist Bestandteil im bestehenden Entwicklungsprozess

■   die teilnehmenden Rennfahrer verfügen über Erfahrung am verwendeten
     Fahrsimulator – Parallelen zum Realfahrzeugverhalten können hergestellt
     werden

■   Parametervariationen mit kleineren Schrittweiten sind möglich und vom
     Fahrer fühlbar

■   Änderungen an der Fahrzeugkonfiguration können isoliert von Sekundä-
     reinflüssen durchgeführt werden

■   Bedingungen können für verschiedene Fahrer und Testzeitpunkten exakt
     reproduziert werden

■   die Verfügbarkeit des Fahrsimulators ist höher und die Kosten geringer
     als der Streckeneinsatz eines Rennfahrzeuges

Hauptsächliche Nachteile in der Simulatoranwendung ergeben sich aus den im
Gegensatz zum Realfahrzeug abweichenden bzw. fehlenden Bewegungsinfor-
mationen. Typische dynamische Fahrsimulatoren können durch die Einschränkung des Bewegungsraumes nur ein Bruchteil der Beschleunigungen
wiedergeben, die im Rennstreckenbetrieb vorhanden sind. Anhaltende Beschleunigungsphasen, die charakteristisch für den Rennstreckenbetrieb sind,
können weder in den Absolutwerten noch mit der Dauer durch eine dynamische Plattform nachgestellt werden. An einem statischen Simulator fehlt im
Gegensatz dazu die Bewegungsinformation komplett, d.h. der Fahrer muss mit
den visuellen, akustischen und haptischen Informationen des Lenkmomenten-
feedbacks auskommen. Aus diesen Gründen muss an jedem Fahrsimulator der

Fahrer einen Transfer zum Realfahrzeug bilden, um Parallelen ziehen und effiziente Abstimmungsarbeit vornehmen zu können. Fehlende Informationen zum Bewegungszustand des Fahrzeuges führen nach bisherigen Erkenntnissen aus Fahreraussagen zu einer höheren Schwierigkeit in der Fahraufgabe. Es wird daher angenommen, dass ein schwierig beherrschbares Fahrzeug am Fahrsimulator in der realen Welt einfacher beherrschbar sein kann, da der Fahrer auf zusätzliche Zustandsinformationen zurückgreifen kann, die am Simulator fehlen oder nicht vollständig dargestellt werden können. Um eine Kompensation zu den fehlenden Informationen zu schaffen, kann am Fahrsimulator mit zusätzlichen optischen und akustischen Effekten gearbeitet werden. Für die beispielhafte Anwendung der Methodik wird daher die Verwendung des Fahrsimulators als zulässig angesehen.

5.2.1 Versuchsmethodik

Die Versuche werden getrennt von den gewöhnlichen Renn- und Testvorbereitungen durchgeführt, um den Fokus nur auf das Konzeptfahrzeug richten zu müssen. Die Strecke Silverstone GP wurde für die gesamte Versuchsdurchführung verwendet. Die im Versuchsablauf geplanten Setupänderungen werden mit dem Fahrer vor jeder Session besprochen und der wissenschaftliche Hintergrund der Untersuchung wird erläutert.

Die Versuchsdurchführung beginnt mit einer Phase der Eingewöhnung, bei der die Länge durch den Fahrer selbst bestimmt werden kann. Dabei wird ein vorher als einfach bewertetes Fahrzeugsetup verwendet, um die Anforderung für die Fahrzeugführung zu begrenzen und zügig auf die Umgebungsbedingungen, wie z.B. den Streckenverlauf adaptieren zu können. Die Eingewöhnung wird beendet, wenn sich die Rundenzeiten auf einem konstant niedrigen Niveau eingependelt haben. Ein Abgleich mit der vorhergesagten Rundenzeit durch die Rundenzeitsimulation hilft bei der Abschätzung der Länge der Eingewöhnungsphase.

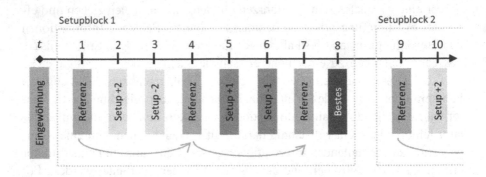

Abbildung 5.11: Versuchsmethodik für die Untersuchung am Fahrsimulator

Nach der Eingewöhnung folgen die Versuche mit Subjektivbewertung in einem blockweisen Vorgehen, siehe Abbildung 5.11. Es wird dazu jeweils eine einzige Fahrzeugeinstellung in mehreren Schritten – ausgehend von einem Referenzsetup – variiert. In der Regel erfolgt die Variation jeweils in positive und negative Richtung vom Referenzsetup und jeweils in einem kleineren und einem größeren Schritt. Es ergeben sich daraus fünf Fahrzeugvarianten inklusive des Referenzsetups für die jeweilige Änderung. Ein kürzerer Lauf mit dem Referenzsetup wird nach etwa zwei Setupvariationen durchgeführt. Man ermöglicht damit eine ständige Kontrolle der vom Fahrer bewerteten Eigenschaften und erhält die Möglichkeit Trends aufzudecken, die zu einer nachträglichen Verfälschung der Ergebnisse führen können. Erreicht der Fahrer z.B. im Laufe eines gesamten Testtages immer niedrigere Rundenzeiten, lassen sich auf diese Art und Weise Trainingseffekt aufdecken. Am Ende eines jeweiligen Setupblocks wird das beste Setup nochmal gefahren. Dadurch werden zusätzliche Daten bzw. Rundenzeiten aufgezeichnet, und der Subjektiveindruck weiter bestätigt. Für jede Setupvariante liegt die Vorgabe bei mindestens 5 schnellen Runden. Falls sich die Rundenzeit erheblich von den vorherigen Runden bzw. der Vorhersage unterscheidet, wird die Runde wiederholt, bis die Vorgabe erreicht wird.

Während der Versuchsreihe werden alle verfügbaren subjektiven und objektiven Daten für die nachträgliche Auswertung gespeichert. Neben den quantitativen Subjektivbewertungen werden zusätzliche Fahrerkommentare notiert und ebenfalls gespeichert. Dieses Vorgehen ist vorteilhaft, wenn der numerische Vergleich zwischen subjektiven und objektiven Daten keinen oder einen gegensätzlichen Zusammenhang aufzeigt. Um eine hohe Relevanz und Übertragbarkeit der Daten zu erreichen, werden die Versuche zum großen Teil mit mehreren Fahrern durchgeführt. Dies ermöglicht auch – falls vorhanden – individuelle Unterschiede zu ermitteln.

5.2.2 Variantendefinition

Die Varianten werden basierend auf der Analyse aus Abschnitt 5.1 für die Simulatoruntersuchungen festgelegt. Im Fokus stehen aufgrund der dort festgestellten Einflüsse die Verteilungseigenschaften von aerodynamischem Abtrieb, Reifenschräglaufsteifigkeit und -grip sowie die Massenverteilung. Aus diesen Bereichen werden insgesamt 37 unterschiedliche Setupvarianten erstellt, die im Anhang A2 aufgelistet werden.

Es kommen zwei grundsätzlich verschiedene Aerodynamikvarianten zum Einsatz. Die Varianten unterscheiden sich in ihren aerodynamischen Abtriebskoeffizienten um 2000 Punkte (entspricht $\Delta c_z = 2$). Auf der Strecke Silverstone GP resultiert das in einen theoretischen Rundenzeitunterschied von $\Delta t_{theo} = 6$ s. Die Spreizung wird so gewählt um das Abtriebsniveau von 2 Fahrzeugkategorien (z.B. Prototypen und GT Fahrzeuge) darstellen zu können.

Setupänderungen werden in einem großen Bereich um eine Referenz festgelegt. Das Ziel ist die Ausnutzung der Subjektivbewertungsskala, um auch schwierig fahrbare Fahrzeuge sowohl subjektiv als auch objektiv bewertbar zu machen.

5.3 Analyse der Zusammenhänge

Als Datengrundlage zur Untersuchung der Zusammenhänge dienen die im vorhergehenden Abschnitt beschriebenen Simulatorversuche, die insgesamt 92 einzelne Sessions mit 3 professionellen Rennfahrern umfassen. Es wurden damit insgesamt ca. 450 Runden bzw. 2500 km Distanz zurückgelegt. Der Fo-

kus liegt darauf, die Unterschiede zwischen theoretischer und realer Rundenzeit zu analysieren und Zusammenhänge zwischen fahrdynamischen Kennwerten bzw. subjektiver Fahreraussage aufzuzeigen, die eine Erklärung für
Rundenzeitunterschiede zwischen Simulation und Realfahrer sein können. Da
eine grafische bzw. numerische Analyse der gesamten Datenmenge den inhalt-
lichen Rahmen übersteigen würde, sind nur die aussagekräftigsten Ergebnisse
in diesem Abschnitt zusammengefasst. Hier nicht dargestellte Ergebnisse werden in Anhang A3 ergänzt.

5.3.1 Rundenzeit

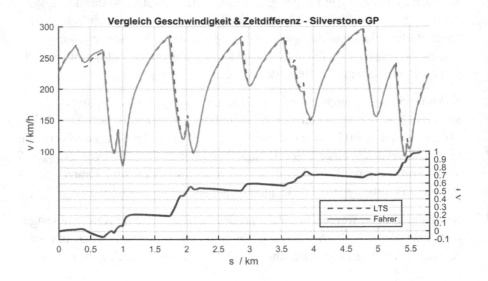

Abbildung 5.12: Geschwindigkeitsverlauf des Realfahrers und der Rundenzeitsimulation (LTS) sowie die Zeitdifferenz für eine Runde
auf der Strecke Silverstone GP

Es soll zunächst beantwortet werden, wie gut die Aussagegenauigkeit der Rundenzeitsimulation ist. Dazu wird bewertet, ob sich Unterschiede zwischen Simulation und Realfahrer ergeben und wie stark diese von Fahrzeugsetupände-
rungen beeinflusst werden. Das Vorgehen in dieser Betrachtung erfolgt zuerst

auf Basis der Rundenzeiten. Für jede getestete Setupvariante wird eine Rundenzeitsimulation durchgeführt. Die in Abschnitt 2.1.1 vorgestellte erweiterte quasistationäre Rundenzeitsimulation benötigt als Eingabeparameter eine Fahrlinienvorgabe. Um zu vermeiden, dass die Vergleichbarkeit der Rundenzeitperformance durch unterschiedliche Fahrlinien von Realfahrer und Simulation beeinträchtigt wird, wird die Fahrlinie der schnellsten Runde des Realfahrers für die Simulation verwendet. Mithilfe des 3D-Streckenmodells kann mit der Fahrlinie und den entsprechenden Fahrzuständen die zugehörigen Vertikalanregungen für die 4 Räder des Fahrzeuges gefunden werden, um eine möglichst genaue Abbildung in der Simulation zu erreichen.

In Abbildung 5.12 wird der tatsächliche und simulierte Geschwindigkeitsverlauf für das Referenzfahrzeug mit niedrigem Abtrieb auf der Strecke in Silverstone angegeben. Die Abweichung der Rundenzeit beträgt ca. $1s$ zugunsten der Rundenzeitsimulation. Im direkten Vergleich sind die wesentlichen Unterschiede in den Bremsphasen sowie in den Kurvenphasen anhand des Verlaufs des Zeitunterschieds Δt festzustellen. Im Bereich der schnellen Kurve T2 durchfährt der Fahrer die Kurve schneller als von der Simulation vorhergesagt.

Der Fahrer nutzt in diesem Abschnitt eine Lastwechselreaktion um auch die Hinterachse näher ans Limit zu bringen. Die Strecke hat in diesem Bereich einen großen asphaltierten Auslaufbereich mit ähnlichen Haftungswerten wie die normale Strecke. Eine solche Fahrstrategie birgt daher ein geringes Risiko. Der simulierte Geschwindigkeitsverlauf wird durch das Limit der Vorderachse begrenzt und ist daher langsamer. Grundsätzlich wird anhand der dargestellten Geschwindigkeiten in den weiteren Ausführungen davon ausgegangen, dass die Rundenzeit zwischen Simulation und Realfahrer – mit Einschränkungen – vergleichbar sind. Konsistent auftretende Abweichungen, wie die schlechtere Bremsperformance des Realfahrers, könnten in der Simulation als Einschränkungen definiert werden, um eine weitere Verbesserung in der Übereinstimmung zu erreichen.

Beispiel Abtriebsverteilung

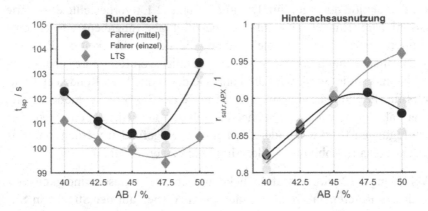

Abbildung 5.13: Vergleich der Rundenzeit t_{lap} und Hinterachsausnutzung $r_{sat,r}$ für die Fahrzeugvarianten mit hohem Abtrieb (HDF)

Für die Setupvariation Abtriebsverteilung AB für das Fahrzeug mit hohem Abtrieb (HDF, $c_z = 5{,}5$) ist in Abbildung 5.13 mit den schwarzen Punkten die durchschnittliche Rundenzeit für die jeweilige auf der x-Achse dargestellte Fahrzeugvariante angegeben. Hellgraue Punkte verdeutlichen die tatsächlich vom Fahrer erreichten Rundenzeiten für die jeweilige Fahrzeugvariante. Wie in der vorherigen Abbildung bereits dargestellt, ist die Differenz zwischen Simulation und Realfahrer im Bereich einer Sekunde für die Setupvarianten zwischen 40 und 45%.

Für die Abtriebsverteilung von 47,5 % und 50 % nimmt die Differenz zwischen Simulation und Realfahrer bis auf etwa drei Sekunden zu. Gleichzeitig ist die Varianz der Rundenzeiten höher, was aus der Verteilung der tatsächlichen Rundenzeiten um den Mittelwert hervorgeht. Eine Erklärung für die steigende Differenz kann bei der Betrachtung der gemittelten Hinterachsausnutzung für die Kurvenmitte $r_{sat,r,APX}$ gegeben werden, die im rechten Graphen angegeben ist. Die angegebene Hinterachsausnutzung ist der Mittelwert aller betrachteten Kurvenabschnitte, die in Abschnitt 4.1 eingeführt wurden. In der Simulation ist erkennbar, dass mit steigender Abtriebsverteilung – also mit einem höheren Abtrieb an der Vorderachse – die notwendige Achsauslastung an der Hinterachse ansteigt. Zur Erreichung der minimalen Rundenzeit liegt die mittlere Hinterachsausnutzung in der Kurvenmitte $r_{sat,APX}$ bei ca. 96 %. Der

Graph zeigt außerdem, dass der Fahrer eine maximale Auslastung der Hinterachse von ca. 90 % erreicht. Für die Abtriebsverteilung von 50 % fällt dieser Wert wieder auf ca. 88 %.

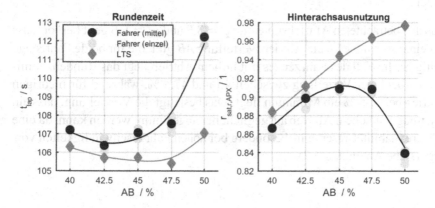

Abbildung 5.14: Vergleich der Rundenzeit t_{lap} und Hinterachsausnutzung $r_{sat,r}$ für die Fahrzeugvarianten mit niedrigem Abtrieb (LDF)

Noch deutlicher wird der Vergleich, wenn das Fahrzeug mit dem niedrigen Gesamtabtriebskoeffizienten $c_z = 3,5$ in Abbildung 5.14 betrachtet wird. Die vorhergesagten Rundenzeiten durch die Simulation liegen aufgrund des niedrigeren Haftungspotenzial im Gegensatz zu den vorherigen Fahrzeugen um ca. 6 s höher. Auch hier kann für die stabileren Abtriebskonfigurationen von 40 und 42,5 % festgestellt werden, dass die Simulation ca. 1 s schneller ist als der Fahrer. Allerdings steigt die Differenz ab 45 % Abtriebsverteilung an, und beträgt bei 50 % mehr als 5 s. Die Hinterachsausnutzung zeigt ein äquivalentes Bild wie in der Abbildung zuvor. Der Fahrer erreicht eine maximale Ausnutzung von 91 % und kann im Falle von 50 % Abtriebsverteilung die Hinterachse aufgrund von Stabilitätsproblemen nicht mehr kontrolliert ausnutzen. Um eine niedrige Rundenzeit in dieser Konfiguration zu erreichen, sagt die Rundenzeitsimulation eine fast vollständige Ausnutzung der Hinterachse von 98 % vorher. Die Konfiguration mit 50 % Abtriebsverteilung wurde vom Fahrer selbst als unfahrbar bezeichnet. Es wurde in der Versuchsdurchführung darauf geachtet, auch für schwierig fahrbare Fahrzeuge eine Rundenzeit zu messen, um die Auswirkungen einer falschen Setupwahl objektivieren zu können. Eine solche Konfiguration würde unter Realbedingungen nicht regulär auftreten. Unbeabsichtigt kann ein solches Fahrverhalten dennoch auftreten, z.B. wenn aerodynamische Bauteile durch eine Kollision beschädigt wurden oder ganz fehlen.

Aus den betrachteten Abtriebsniveaus $c_z = 3{,}5$ und $c_z = 5{,}5$ geht hervor, dass es keine eindeutige ideale Abtriebsverteilung AB gibt, die für beide Fahrzeuge gültig ist. Im Fall des Fahrzeuges mit hohem Abtrieb liegt das Rundenzeitminimum bei einer Verteilung zwischen 45 und 47,5 %, während für niedrigen Abtrieb bei 42,5 % ein Minimum liegt. Das bestätigt die Vorstellung, dass ein Fahrzeug mit hohem Abtrieb ausgeglichener abgestimmt werden kann, da eine größere Stabilitätsreserve insbesondere bei hohen Fahrgeschwindigkeiten vorliegt (siehe Abbildung 5.7).

Beispiel Gripverteilung

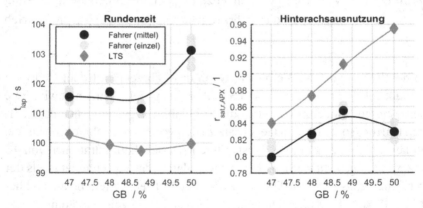

Abbildung 5.15: Vergleich von Rundenzeit t_{lap} und Hinterachsausnutzung $r_{sat,r,APX}$ für die Variation der Haftungsverteilung GB

Die Variation der Haftungsverteilung GB an der Vorder- und Hinterachse wie in Abschnitt 5.1.3 beschrieben wird in Abbildung 5.15 dargestellt. Der Rundenzeiteinfluss folgt einem ähnlichen Trend wie in der Betrachtung der Abtriebsverteilung vorher. Die Hinterachsausnutzung $r_{sat,r}$ für die simulierte

Runde steigt erwartungsgemäß an, wenn die maximale Haftung an der Hinterachse reduziert und im Gegenzug an der Vorderachse erhöht wird. Es ist außerdem erkennbar, dass die Variation in einem ausreichend großen Umfang durchgeführt wurde, um den für den Fahrer idealen Punkt zu identifizieren, der bei ca. 49 % liegt.

Beispiel Schräglaufsteifigkeitsverteilung

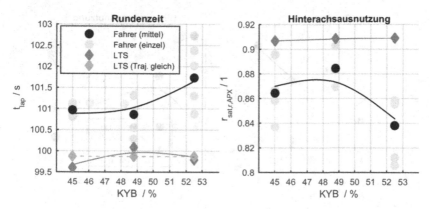

Abbildung 5.16: Rundenzeit t_{lap} und gemittelte Hinterachsausnutzung $r_{sat,r}$ für die Variation von Schräglaufsteifigkeitsverteilung *KYB*

Die Variation der Schräglaufsteifigkeitsverteilung *KYB* hat einen vernachlässigbaren Effekt auf die Rundenzeit und die gemittelte Hinterachsausnutzung, siehe Abbildung 5.16. Die gestrichelte Linie zeigt zusätzlich die simulierte Rundenzeit, wenn für alle 3 Varianten die identische Fahrlinie verwendet wird. Vom Fahrer können mit allen drei getesteten Varianten ähnlich schnelle Rundenzeiten erreicht werden. Anhand der hellgrauen Punkte wird allerdings eine höhere Streuung für eine hohe Schräglaufsteifigkeitsverteilung ersichtlich, wobei die beste Reproduzierbarkeit durch eine niedrigere Schräglaufsteifigkeitsverteilung erreicht wird. Ein Fahrzeug mit einer verhältnismäßig hohen Achsschräglaufsteifigkeit an der Hinterachse ist in der Auslegung daher vorzuziehen. Dies wird durch die Theorie bestätigt, in der eine hohe Schräglaufsteifigkeit an der Hinterachse einen geringen Schwimmwinkelgradienten, und damit auch eine höhere gierdynamische Stabilität und Dämpfung zur Folge hat. Die Differenz der Achsschräglaufsteifigkeiten zwischen vorne und hinten hat außerdem einen direkten Einfluss auf den Lenkwinkelgradienten und damit auf das Untersteuerverhalten des Fahrzeuges. Die Schräglaufsteifigkeit an der Vorderachse darf nicht zu gering gewählt werden, um ein möglichst neutrales Fahrverhalten und schnelles Ansprechen zu gewährleisten.

Beispiel Gewichtsverteilung

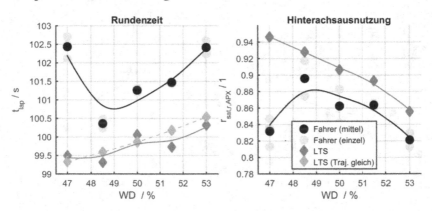

Abbildung 5.17: Rundenzeit t_{lap} und gemittelte Hinterachsausnutzung $r_{sat,r}$ für die Variation der Gewichtsverteilung WD

Die Gewichtsverteilung WD ist eine der Setupgrößen, die am Fahrzeug – in bestimmten Grenzen – einfach verändert werden kann. In Abbildung 5.17 wird der Einfluss auf Rundenzeit und Hinterachsausnutzung dargestellt. Die niedrigste Rundenzeit wird durch den Fahrer bei einem Vorderachsanteil von 48,5 % erreicht. Im Gegensatz zu den vorherigen Darstellungen ist ersichtlich, dass die simulierte Hinterachsausnutzung zu kleineren WD Werten hin ansteigt. Ein erhöhtes Gewicht auf der Hinterachse führt zu einem höheren Kraftbedarf und damit einer im Mittel höheren Auslastung. Das Fahrzeug weist mit dieser Maßnahme eine übersteuernde Tendenz auf. Im vorliegenden Fall sind die gefahrenen Trajektorien unterschiedlicher als in den vorher gezeigten Vergleichen. Die Variation zwischen längster und kürzester gefahrener Linie beträgt ca. 12 m. Die hellgraue gestrichelte Linie ist das Ergebnis der Rundenzeitsimulation, wenn für alle Setupvarianten eine identische Fahrlinie angenommen wird.

Alle beispielhaft dargestellten Setupvarianten zeigen einen Rundenzeitunterschied zwischen Realfahrer und Rundenzeitsimulation. Dieser ist ähnlich und beträgt für die betrachtete Strecke ca. eine Sekunde, solange der Fahrer in der Lage ist das Fahrzeug am Grenzbereich zu führen. Für die Varianten mit instabilen Tendenzen ist die Abweichung zwischen vorhergesagter Rundenzeit und tatsächlich gefahrener Rundenzeit überproportional größer. Anhand der Betrachtung der Hinterachsausnutzung wird ersichtlich, dass der Fahrer nur bis zu einer bestimmten Schwelle von $r_{sat,r,APX} < 0.9$ den Grenzbereich ausnutzen kann. Falls das Setup des Fahrzeuges eine höhere Hinterachsausnutzung verlangt, um eine niedrigere Rundenzeit zu erreichen, muss der Fahrer vorsichtiger agieren. Das äußert sich in einer deutlich erhöhten Rundenzeit. Der Vertrauensbereich der Rundenzeitvorhersage wird durch diese Beobachtungen auf den gut fahrbaren Bereich der Fahrzeugkonfigurationen eingeschränkt.

5.3.2 Fahrdynamik

Die Ausnutzung der Hinterachse in der Kurvenmitte $r_{sat,APX}$ wurde im vorherigen Abschnitt als fahrdynamischer Objektivwert zur Erklärung von Rundenzeitunterschieden zwischen Simulation und Realfahrer benutzt. Die Rundenzeit t_{lap} gibt als globaler Indikator für die Performance allerdings keine Auskunft darüber, ob die lokal auftretenden Fahr- bzw. Auslastungszustände zwischen Simulation und Fahrer ebenfalls ähnlich sind.

In Abbildung 5.18 werden die Geschwindigkeit v, die berechneten Verläufe der gierdynamischen Stabilität n_β und Kontrollierbarkeit n_δ sowie die Achsauslastungen $r_{sat,f}$ und $r_{sat,r}$ für eine gesamte Runde dargestellt. Der Vergleich zwischen Realfahrer und Rundenzeitsimulation basiert auf dem gleichen Datensatz wie in Abbildung 5.12 auf Seite 100 und einem Rundenzeitunterschied von ca. 1 s zugunsten der Rundenzeitsimulation.

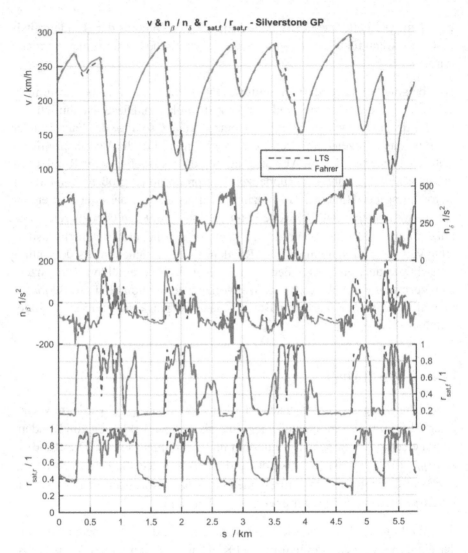

Abbildung 5.18: Verlauf von Geschwindigkeit v, Kontrollierbarkeit n_δ, Stabilität n_β und Achsauslastung $r_{sat,f}, r_{sat,r}$ für die Strecke Silverstone GP

Bei den dargestellten Daten handelt es sich um das Setup mit einer Abtriebs-verteilung von $AB = 45\,\%$, die als gut fahrbar bewertet wurde. Das Geschwindigkeitsprofil unterscheidet sich in den Bremsphasen sowie in der T2 Kurvendurchfahrt, direkt nach der Start-Zielgeraden. Der Realfahrer wählt einen früheren Bremspunkt als die Rundenzeitsimulation. Die Unterschiede in der Bremsphase sind teilweise auch in den fahrdynamischen Größen $n_\delta, n_\beta, r_{sat,f}$ und $r_{sat,r}$ erkennbar.

Im Gesamtbild zeigen sowohl die auslastungsbasierten als auch die gierdynamischen Verläufe eine gute Übereinstimmung zwischen gefahrener und simulierter Runde. Die Kontrollierbarkeit n_δ nimmt im Bereich der Scheitelpunkte (lokale Geschwindigkeitsminima) sowohl im simulierten als auch gefahrenen Fall Werte um null an. Damit kann in diesen Fahrzuständen mit einer Erhöhung des Lenkwinkels keine zusätzliche Gierbeschleunigung gestellt werden. Maximalwerte in der Kontrollierbarkeit treten bei Geradeausfahrt auf, in der durch die hohen Geschwindigkeiten die Radlasten und damit auch die effektive Schräglaufsteifigkeit der Achsen hoch ist. Der Stabilitätsverlauf n_β zeigt bei Geradeausfahrt negative Werte, die für jede Erhöhung des Schwimmwinkels ein rückstellendes – stabilisierendes – Giermoment bedeuten. Das Fahrzeug ist damit im offenen Regelkreis stabil. Gierdynamische instabile Zustände, die durch positive Werte für n_β gekennzeichnet sind, treten in den Bremsphasen von hohen Geschwindigkeiten sowie in Beschleunigungsphasen in der Nähe der Kurvenscheitelpunkte auf. Während des Bremsvorgangs führt die dynamische Radlastverlagerung auf die Vorderachse dazu, dass die vordere effektive Achsschräglaufsteifigkeit höher als die hintere ist, und n_β positiv wird. Zudem trägt die Längskraftverteilung zwischen Vorder- und Hinterachse zur Reduktion der effektiven Schräglaufsteifigkeiten bei, und kann durch eine Veränderung der Bremskraftverteilung beeinflusst werden. Im Beschleunigungsfall ist die hintere Achsauslastung $r_{sat,r}$ durch die Längskraftanforderung hoch, und führt damit ebenfalls zu niedrigen hinteren Achsschräglaufsteifigkeiten. In der Abbildung ist ersichtlich, dass jeweils in den Kurvenscheitelpunkten negative Werte für n_β erreicht werden, das Fahrzeug dort also mit einer Stabilitätsreserve bewegt wird.

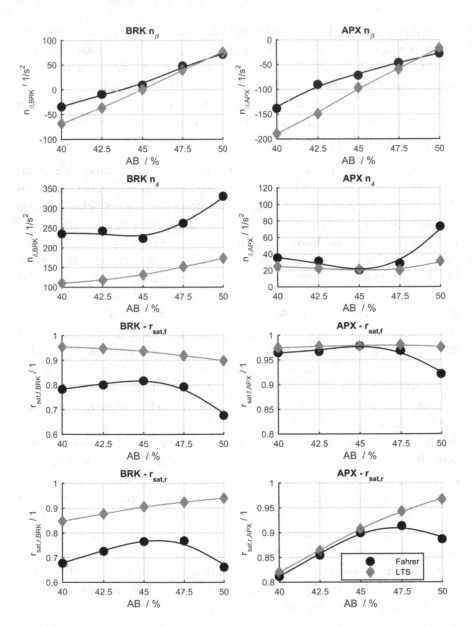

Abbildung 5.19: Vergleich von Strecken-Fahrzeugkennwerte zwischen Realfahrer und Simulation (HDF Varianten)

In Abbildung 5.19 werden die gemittelten kurvenabschnittsabhängigen Objektivwerte für Stabilität n_β und Kontrollierbarkeit n_δ sowie die jeweilige Achsausnutzung für vorne $r_{sat,f}$ und hinten $r_{sat,r}$ für die Variation der Abtriebsverteilung AB dargestellt. Es werden jeweils die Objektivwerte für die Kurvenabschnitte Bremsen (BRK) und Kurvenmitte (APX) dargestellt, die für den Fahrer die höchste Schwierigkeit in der Fahraufgabe bedeuten. Der Fahrer erreicht im Gegensatz zur Rundenzeitsimulation im Bremsvorgang eine im Mittel um 10 % niedrigere Ausnutzung der Vorder- und Hinterachse.

Dabei ist auffällig, dass die Bremsstabilität auf einem vergleichbaren Niveau liegt, wohingegen die Kontrollierbarkeit für das vom Fahrer gesteuerte Fahrzeug über die gesamte Variation höhere Werte annimmt. Eine Interpretation ist, dass die Kontrollierbarkeit besonders bei längsdynamischen Manövern, wie Bremsvorgängen, durch den Fahrer höher priorisiert wird, da die Instabilität bei großen Längsverzögerungen nicht vermeidbar und nur in engen Grenzen durch das Fahrzeugsetup beeinflusst werden kann. Durch das fehlende ABS besteht im Bremsvorgang außerdem die Gefahr von blockierenden Rädern, die das Längs- bzw. Querführungspotenzial rapide herabsetzen.

In der Kurvenmitte erreicht der Fahrer zwischen AB $40 - 45\%$ eine ähnliche Ausnutzung beider Achsen. Die Vorderachse ist mit einem durchschnittlichem $r_{sat,f}$ von $0,96 - 0,98$ nahezu voll ausgelastet, während die Hinterachsausnutzung $r_{sat,r}$ von $0,8$ auf $0,9$ ansteigt. Wird die Abtriebsverteilung weiter nach vorne verschoben, fallen die Auslastungsverläufe sowohl für die Bremsphase als auch für die Kurvenmitte ab. Einzig die Hinterachsausnutzung während der Kurvenfahrt bleibt etwa konstant. Die Kontrollierbarkeit in der Kurvenmitte zeigt vergleichbare Werte für Varianten bis 45 % und höhere Werte für instabilere Varianten ab AB 47,5 %. Auffallend ist, dass der Fahrer für niedrige $AB < 45$ % in der Kurvenmitte durchschnittlich instabilere Fahrzustände n_β anfährt als die Simulation. Diese Beobachtungen decken sich mit den weiteren Setupvariationen, die im Anhang A3 ab Seite 149 abgebildet sind.

Aus den Vergleichen zwischen Simulation und Realfahrer werden folgende Schlussfolgerungen gezogen:

■   die erprobten Fahrzeugvarianten zeigen sowohl für die Rundenzeitsimu-
    lation als auch für den Realfahrer eindeutige Sensitivitäten auf fahrdyna-
    mischen Objektivwerte

■   besonders in der Bremsphase sind Unterschiede zwischen Simulation und
    Realfahrer erkennbar

■   die APX-Objektivwerte zeigen eine gute Übereinstimmung zwischen Si-
    mulation und Realfahrer für die stabilen Fahrzeugvarianten

■   die gierdynamische Kontrollierbarkeit ist besonders bei unvermeidbar in-
    stabilen Fahrzuständen – wie z.B. während eines Bremsvorgangs –eine
    Größe, die für den Realfahrer auf einem konstant hohen Niveau bleibt

5.3.3   Subjektivbewertung

Die systematische Bewertung des Fahrzeuges anhand des in Abschnitt 4.2 vorgestellten Subjektivfragebogens ermöglicht die Analyse der Zusammenhänge
zu den neu eingeführten objektiven Kenngrößen. Auch wenn aus den vorherigen Betrachtungen bereits Schlüsse zwischen fahrdynamischen Kenngrößen
und Rundenzeitperformance gezogen werden können, ist die Fahreraussage
ein notwendiger Baustein in der vorgestellten Methodik. Die Subjektivbewertung ermöglicht die Definition von Zielbereichen und die Gewichtung einzelner Objektivkriterien sowie die Aufdeckung von Unzulänglichkeiten bzw. objektiv nicht betrachteten Effekten. Der Fahrer ist zudem der ausschlaggebende
„Sensor" zur Bewertung von kritischen fahrdynamischen Zuständen, die nicht
anhand von reinen Zahlenwerten erfasst werden können.

Die Subjektivbewertung für die AB Fahrzeugvarianten mit hohem (HDF) und
niedrigem (LDF) Abtrieb sind in Abbildung 5.20 und Abbildung 5.21 dargestellt. Es werden 6 Kriterien aus dem Subjektivfragebogen betrachtet, die sich
auf die bewertete Fahrzeugbalance in den 3 Kurvenphasen beziehen und die
insgesamt bewertete Fahrbarkeit abfragen. Die Bewertung der Fahrzeugbalance erfolgt auf der Skala $[-5, 5]$, wobei negative Werte ein übersteuerndes
(O/S) und positive Werte ein untersteuerndes (U/S) Verhalten zum Ausdruck
bringen. Die Fahrbarkeit wird auf der Skala $[0, 5]$ bewertet, wobei ein höherer
Wert eine bessere Fahrbarkeit bedeutet. Die Subjektivbewertung aller anderen
erprobten Varianten sind in Anhang A4 dargestellt.

In Abbildung 5.20 ist in der bewerteten Fahrzeugbalance sowohl für die Bremsphase (BRK) als auch für die Kurvenmitte ein Trend von U/S zu O/S für höhere AB Werte zu erkennen. Das gilt für langsame (LS) und schnelle (HS) Streckenabschnitte gleichermaßen, obwohl die Extrempunkte für die hohen Geschwindigkeiten in der Kurvenmitte (APX) weiter auseinanderliegen. Im unteren linken Graphen ist außerdem die Balance am Kurvenausgang (ACC) dargestellt, die sich für den Fahrer kaum ändert und im neutralen bis tendenziell übersteuernden Bereich liegt. Die Gesamtbewertung der Fahrbarkeit ist im unteren rechten Graphen dargestellt und zeigt die höchsten Bewertungen für AB zwischen 45 und 47,5 %.

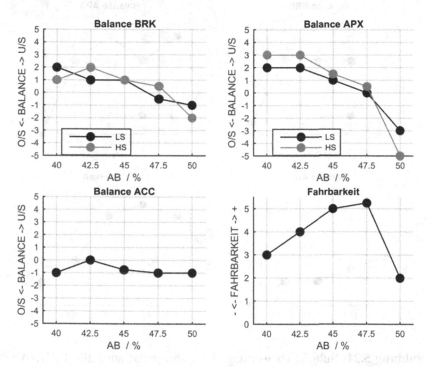

Abbildung 5.20: Subjektivbewertung der Fahrzeugbalance für BRK, APX und ACC und Bewertung der Fahrbarkeit (HDF Varianten)

Für die Variante $AB = 50\%$ fällt die Bewertung der Fahrbarkeit auf den im Vergleich schlechtesten Wert von 2, da die Stabilität des Fahrzeuges nicht mehr gegeben ist, und durch den Fahrer nur schwer beherrscht werden kann.

Ein ähnlicher Trend ergibt sich bei der Betrachtung von Abbildung 5.21, in der auch die AB Variation dargestellt wird, allerdings für das Fahrzeug mit einem niedrigen Abtriebsniveau (LDF). Die Balance in der Kurvenmitte ist zwischen $AB = 40\,\%$ und $47,5\,\%$ auf einem ähnlich untersteuernden Level. Dies wird auch durch zusätzlich aufgezeichnete Fahrerkommentare bestätigt. Einzig die Variante mit $AB = 50\,\%$ wird stark übersteuernd bewertet. Die rechts unten dargestellte Bewertung des Kurvenausgang (ACC) zeigt im Gegensatz zu den HDF Varianten eine stärkere Abhängigkeit in Richtung Übersteuern für höhere AB Werte.

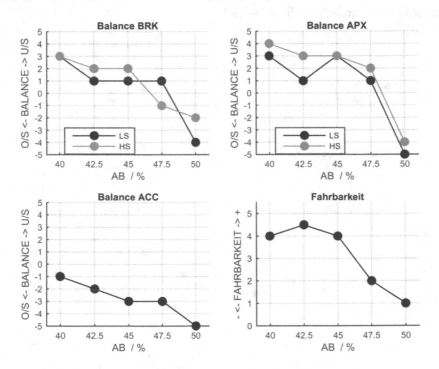

Abbildung 5.21: Subjektivbewertung der Fahrzeugbalance für BRK, APX und ACC und Bewertung der Fahrbarkeit (LDF Varianten)

Dies kann z.B. daran liegen, dass mit niedrigem Gesamtabtrieb das Fahrzeug länger traktions- bzw. haftungslimitiert ist und damit die Querdynamik am Kurvenausgang wichtiger wird. Die Fahrbarkeit wird zwischen AB = 40-45 %

gut und bei $AB = 42,5\,\%$ als ideal bewertet. Damit liegt das subjektive Optimum im Gegensatz zu den HDF Fahrzeugvarianten sowohl bei niedrigeren AB als auch bei einer niedrigeren Gesamtbewertung von 4,5 gegenüber $5 - 5,5$. In Abbildung 5.22 werden die Fahrbarkeitsbewertung sowie die auf die jeweils schnellste gefahrene Runde normierte Rundenzeit von beiden aerodynamischen Konfigurationen (LDF und HDF) dargestellt. Es wird deutlich, dass die optimale AB sowohl subjektiv als auch bezogen auf die erreichbare Rundenzeit unterschiedlich ist, wenn der Gesamtabtrieb verändert wird. Neben der Betrachtung einzelner Varianten, stellt sich die Frage, ob es Zusammenhänge zwischen allen getesteten Fahrzeugvarianten gibt. In den Versuchen am Fahrsimulator wurden jeweils ca. 50 % der Fahrzeugvarianten in HDF bzw. LDF Konfiguration erprobt. Die nachfolgenden Analysen fassen alle Varianten einer Abtriebskonfiguration (LDF oder HDF) zu einem Kollektiv zusammen, um den Einfluss der in Abbildung 5.22 festgestellten Unterschiede so gering wie möglich zu halten.

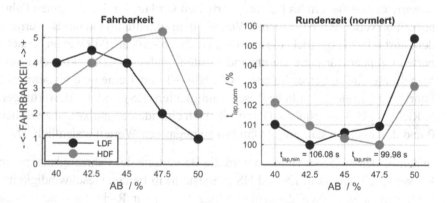

Abbildung 5.22: Vergleich von subjektiver Fahrbarkeit und normierter Rundenzeit für LDF und HDF Fahrzeugvarianten

Subjektiv-subjektiv-Betrachtung

Im Subjektivfragebogen werden Kriterien bezogen auf das Fahrverhalten und auf die Fahrbarkeit als Ganzes abgefragt. Wie aus der Erfahrung hervorgeht, sind diese Kategorien nicht unabhängig voneinander, da Extreme im Fahrverhalten (z.B. starkes Übersteuern) in der Regel nicht zu einer einfachen Fahr-

barkeit führen. Um dies zu verdeutlichen, werden in Abbildung 5.23 ausgewählte Subjektivbewertungen des Fahrverhaltens gegenüber der Bewertung
der Fahrbarkeit aufgetragen. Mit der Größe der Punkte wird die Anzahl der
Bewertungen veranschaulicht. Es wird damit deutlich, welches Paar aus qua-
siobjektivem Fahrverhalten und subjektiver Fahrbarkeit wie oft gleich bewertet wurde. Ausreiser können damit identifiziert, und deren Gewichtung abge-
schätzt werden.

Allen Graphen ist gleich, dass im Bereich einer guten ($\geq$ 4) Fahrbarkeit eine
Ansammlung von vielen Bewertungen zu finden ist. Die Verteilung auf der x-
Achse (Fahrverhaltenskriterium) und auch die Veränderung hin zu maximalen
(+5) bzw. minimalen (-5) Werten zeigt allerdings Unterschiede.

Die beiden oberen Graphen sind die Bewertung des Kurveneingang für niedrige (LS) und hohe (HS) Geschwindigkeit. Für niedrige Geschwindigkeiten
liegt die beste Bewertung der Fahrbarkeit bei -1, aber auch ein $+1$ bis -2
bewertetes übersteuerndes Fahrzeugverhalten wird noch mit einer guten Fahrbarkeit bewertet. Bei negativeren Werten ist eine Reduktion in der Bewertung
der Fahrbarkeit ersichtlich, die allerdings nicht so stark ausfällt wie im benachbarten Graphen für hohe Geschwindigkeiten. Anhand der Punktedichte und
Verteilung wird mit einer Balance zwischen -1 und 1 eine gute bis sehr gute
Fahrbarkeit erreicht. Für hohe Geschwindigkeiten (HS) sind die Bewertungen
in Richtung U/S verschoben. Dort ergibt sich eine ideale Fahrbarkeit zwischen
0 und 2, wobei ein stärkerer Abfall hin zu negativen Werten ersichtlich ist.

In den beiden mittleren Graphen wird die Bewertung der Fahrzeugbalance im
Kurvenscheitelpunkt in LS und HS dargestellt. In beiden Geschwindigkeitsbereichen ist ersichtlich, dass eine geringe Tendenz in Richtung Untersteuern
die beste Bewertung in der Fahrbarkeit bedeutet. In hohen Geschwindigkeiten
wird aber auch eine Bewertung von +3 noch mit einer guten Fahrbarkeit bewertet, während im LS die Bewertung schon bei +2 U/S reduziert wird.

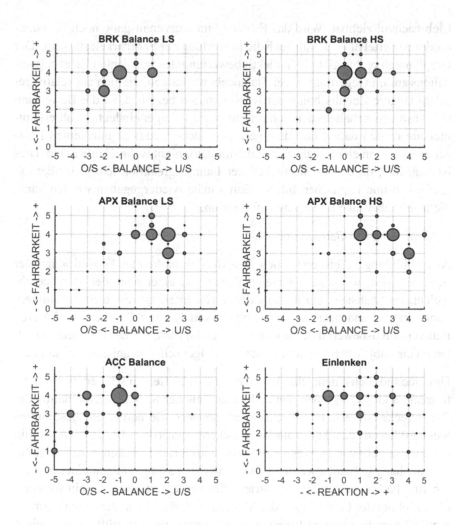

Abbildung 5.23: Subjektiv-subjektiv-Analyse der Gesamtbewertung Fahrbarkeit zu den Einzelkriterien des Fahrverhaltens für alle getesteten Fahrzeugvarianten

Im unteren linken Graphen ist die Bewertung des Kurvenausgang angegeben, die in der gesamten Versuchsreihe mit einer geringen Tendenz zum Übersteuern bewertet wurde. Dies erscheint durch das Antriebslayout mit Hinterradan-

trieb nachvollziehbar. Wird das Fahrzeug im Kurvenausgang noch übersteu-
ernder bewertet als −3, fällt auch die Bewertung der Fahrbarkeit stark ab. Der
Graph unten rechts gibt die Subjektivbewertung des transienten Fahrzeugverhaltens an. Im Gegensatz zu den Balancebewertungen, die sich auf relativ ge-
sehen längere Zeitabschnitte der Kurvenphasen beziehen, ist die Bewertung
des Ansprechverhaltens deutlich verteilter und weniger eindeutig. Fahrerkommentare deuten darauf hin, dass geringe Unterschiede der transienten Fahrzeugreaktion an einem statischen Fahrsimulator nicht wahrnehmbar sind. Dies
ist plausibel, da der transiente Teil der Fahrzeugreaktion lediglich über die
grafischen und haptischen Informationskanäle wiedergegeben werden kann,
nicht aber über eine Bewegungsinformation.

Subjektiv-objektiv-Betrachtung

Aus Abbildung 5.23 ist ersichtlich, dass die Fahrbarkeit tendenziell schlechter
bewertet wird, wenn die Fahrzeugbalance von einer neutralen Balance ab-
weicht. Im nächsten Schritt ist es daher von Interesse, ob auch Zusammenhänge bzw. Tendenzen zwischen objektiven Kenngrößen und subjektiven
Fahrverhaltensbewertungen erkannt werden können, um das Fahrzeugverhalten an die subjektiv als neutral bewerteten Eigenschaften anpassen zu können.

Um eine möglichst generelle Aussage darüber treffen zu können, werden die
bekannten Objektivgrößen nun nicht mehr aus der Rundenzeitsimulation der
Rennstrecke Silverstone GP extrahiert, sondern die äquivalent bestimmten
Kenngrößen aus dem konstruierten Streckenszenario benutzt, das in Abschnitt
4.1.5 vorgestellt wurde. Wenn mit dem konstruierten Streckenszenario ein Zusammenhang gefunden werden kann, sind die Aussagen allgemeiner und die
Übertragbarkeit auf weitere Szenarien wird verbessert. Dies war ein wesentliches Ziel bei der Entwicklung der Methodik. Zudem kann durch die definierten Kurvenradien im konstruierten Streckenszenario überprüft werden, ob es
unterschiedliche Zusammenhänge für langsam und schnell durchfahrene Kurven gibt.

Beispielhaft sollen aus den verfügbaren Objektivwerten nur diejenigen betrachtet werden, die bereits in Abschnitt 5.3.2 zum Vergleich zwischen Realfahrer und Simulation herangezogen wurden. Dabei zeigte in der Bremsphase
bzw. im Kurveneingang die Kontrollierbarkeit n_δ und die Vorderachsausnutzung $r_{sat,f}$ als sensitive Kennwerte für den Fahrer. In der Kurvenmitte sind

Stabilität n_β und Hinterachsausnutzung $r_{sat,r}$ sensitive Kennwerte, aber auch eine voll ausgelastete Vorderachse ein Indikator für ein stabiles Fahrverhalten. Im konstruierten Streckenszenario gibt es insgesamt 5 unterschiedlich schnell durchfahrene Kurven. Für den nachfolgenden Subjektiv-objektiv-Vergleich werden dazu Kennwerte der jeweils zweitschnellsten (HS) bzw. zweitlangsamsten (LS) Kurve herangezogen. Die Geschwindigkeiten liegen bei ca. 180 bzw. 108 km/h. Die Auswahl der zu betrachteten Geschwindigkeit erfolgt dabei mit Blick auf die zu erwarteten realen Betriebsbedingungen. Da am Realfahrzeug aerodynamische Eigenschaften im Geschwindigkeitsbereich stark nichtlinear sind, ist die Beachtung aller 5 Kurvenbedingungen dennoch empfehlenswert.

Abbildung 5.24 zeigt für den Kurveneingang den Vergleich von subjektiven Bewertungen der Fahrzeugbalance und den Objektivgrößen Gierkontrollierbarkeit n_δ sowie Vorderachsausnutzung $r_{sat,r}$. Die Datenpunkte werden durch eine Regressionsgerade angenähert. Für jede dargestellte Eigenschaft wird der Zielbereich eingezeichnet, der zuvor aus dem Subjektiv-subjektiv-Vergleich ermittelt wurde. Anhand dieses Zielbereichs wird festgelegt, welche objektiv ermittelbaren Eigenschaften für eine gute Fahrbarkeit erreicht werden müssen.

Für die Gierkontrollierbarkeit n_δ am Kurveneingang liegen die Zielbereiche für LS bei ca. $220 - 240 \ 1/s^2$ und für HS zwischen 260 und $290 \ 1/s^2$. Für die Ausnutzungskanäle $r_{sat,f}$ liegt der als gut fahrbar bewertete Bereich für LS zwischen 0,83 und 0,84 und für HS zwischen 0,75 und 0,77. Es ist auffällig, dass die Zielbereiche für die Vorderachsauslastung im Kurveneingang $r_{sat,f,BRK}$ mit nur $1 - 2 \ \%$ schmal sind. Bei den vom Realfahrer berechneten Objektivwerten ist eine ähnlich große Variation ersichtlich, siehe Abbildung 5.19 auf Seite 110. Zudem wurde beobachtet, dass auch betragsmäßig kleine Veränderungen in der Achsauslastung zu einer großen Änderung der Subjektivbewertung führen können. Es ist außerdem auffällig, dass die HDF Fahrzeugvarianten bei der Subjektivbewertung nur zwischen -2 und +2 variieren, während die LDF Varianten zwischen -5 und +4 variieren, siehe Anhang A5 auf Seite 157. Dies stützt die Beobachtung, dass Fahrzeuge mit einem höheren Beschleunigungspotenzial und aerodynamisch bedingt höherer Dämpfung einfacher zu fahren und abzustimmen sind.

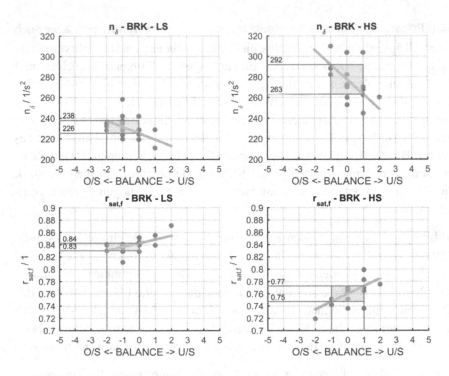

Abbildung 5.24: Subjektiv-objektiv-Vergleich im Bereich Kurveneingang für HDF Fahrzeugvarianten

Die Subjektiv-objektiv-Zusammenhänge für den Bereich Kurvenmitte werden in Abbildung 5.25 dargestellt. Für die Kurvenmitte tragen insbesondere hinterachsbezogene Kennwerte wie die gierdynamische Stabilität n_β und die Hinterachsausnutzung $r_{sat,r}$ zur Fahrbarkeit bei. Für ein in der Kurvenmitte stabiles Fahrzeug wird für langsame Kurven ein n_β von kleiner als -80 $1/s^2$ verlangt, während es in schnellen Kurven kleiner als -124 $1/s^2$ sein muss.

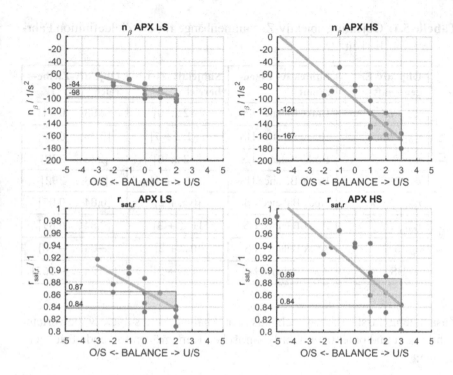

Abbildung 5.25: Subjektiv-objektiv Vergleich im Bereich Kurvenmitte (APX) für HDF Fahrzeugvarianten

Der Einfluss in schnell durchfahrenen Abschnitten ist – an der Steigung der Regressionsgeraden erkennbar – höher als in langsamen Kurven. Auch die Hinterachsausnutzung $r_{sat,r}$ zeigt in schnell durchfahrenen Abschnitten eine ähnlich starke Abhängigkeit und muss, um eine gute Fahrbarkeit zu erreichen, zwischen 0,84 und 0,89 liegen. Der Zusammenhang in langsamen Kurven stellt sich ähnlich dar. Die zahlenmäßig ermittelten Zielbereiche stellen sich damit wie in Tabelle 5.1 angegeben dar.

Tabelle 5.1: Objektiv-subjektiv-Zusammenhänge für die Zieldefinition Fahrbarkeit

	Objektiv-Eigenschaft	Subjektiv- Eigenschaft	Subjektiv-Zielbereich	Objektiv-Zielbereich
Brake	$r_{sat,f}$ LS	Brake Balance LS	$[-2 \dots\ 0]$	$[0{,}83 \dots\ 0{,}84]$
	$r_{sat,f}$ HS	Brake Balance HS	$[-1 \dots + 1]$	$[0{,}75 \dots\ 0{,}77]$
	n_δ LS	Brake Balance LS	$[-2 \dots\ 0]$	$[226 \dots\ 238]$
	n_δ HS	Brake Balance HS	$[-1 \dots + 1]$	$[263 \dots\ 292]$
Apex	$r_{sat,r}$ LS	Apex Balance LS	$[0 \dots + 2]$	$[0{,}84 \dots\ 0{,}87]$
	$r_{sat,f}$ HS	Apex Balance HS	$[1 \dots + 3]$	$[0{,}84 \dots\ 0{,}89]$
	n_β LS	Apex Balance LS	$[0 \dots + 2]$	$[-84 \dots\ -98]$
	n_β HS	Apex Balance HS	$[1 \dots + 3]$	$[-124 \dots\ -167]$

Zusammengefasst ergeben sich aus der Analyse von subjektiv bewerteter Fahrbarkeit und objektiven fahrdynamischen Kenngrößen folgende Beobachtungen:

■   eine gut bewertete Fahrbarkeit resultiert in den durchgeführten Versuchen in den niedrigsten Rundenzeiten (Abbildung 5.22)

■   Zusammenhänge zwischen der subjektiv bewerteten Fahrbarkeit und den subjektiv empfundenen Balanceeigenschaften sind feststellbar (Abbildung 5.23)

■   für eine maximale Bewertung der Fahrbarkeit müssen die Balanceeigenschaften in der Kurvenmitte als neutral bis untersteuernd bewertet werden (Abbildung 5.20, Abbildung 5.21)

■   für niedrige Geschwindigkeiten wird im Kurveneingang ein subjektiv leicht übersteuerndes Fahrzeug als gut fahrbar bewertet

■   die Hinterachsausnutzung in der Kurvenmitte liegt für eine gute Bewertung der Fahrbarkeit bei ca. 90% (Abbildung 5.25)

■   der Realfahrer erreicht für Versuche am Fahrsimulator im Kurveneingang niedrigere Achsauslastungen und eine höhere Kontrollierbarkeit wie die Rundenzeitsimulation (Abbildung 5.19)

5.4   Übertragung der Ergebnisse auf ein zukünftiges Szenario

Besonders in der Konzept- bzw. Vorentwicklungsphase steht in der Regel kein physischer Prototyp des Rennfahrzeuges zur Verfügung. Eine wichtige Anforderung an die vorgestellte Methodik ist die Vorhersage eines fahrbaren und rundenzeitminimalen Fahrzeugsetups. Um die Vorgehensweise zu erläutern, soll nun basierend auf den im vorherigen Abschnitt definierten Subjektiv-objektiv-Zusammenhängen ein optimiertes Fahrzeugsetup für veränderte technische Randbedingungen gefunden werden.

Tabelle 5.2: Gegenüberstellung wichtiger Fahrzeugeigenschaften von neuem und bisherigem technischem Reglement

Eigenschaft	Neues Reglement	Bisheriges Reglement
Radstand (max.)	2800 mm	3000 mm
Masse (m_{min})	900 kg	1000 kg
Leistung (P_{max})	400 kW	400 kW
aerodyn. Abtrieb (c_z)	ca. 5,5	ca. 5,5
Luftwiderstand (c_x)	ca. 0,7	ca. 0,7
Reifenhaftung vorne	95 %	100 %
Reifenhaftung hinten	105 %	100 %

Dazu wird von folgendem Szenario ausgegangen: In einer beispielhaft angenommenen Rennserie für Langstreckenprototypen wird für die anstehende Saison durch die zuständige Sportbehörde ein neues technisches Reglement definiert, das eine Neuentwicklung des Fahrzeuges notwendig macht. Das neue technische Reglement sieht veränderte Reifendimensionen an Vorder- und Hinterachse vor, die sich vor allem in der Eigenschaft des maximalen Haftungsvermögens niederschlägt. Zudem wird der maximal erlaubte Radstand verringert und das Minimalgewicht angehoben. Aufgrund der nur unwesentlich veränderten Außenmaße kann bei dem Fahrzeug mit ähnlichen aerodynamischen Eigenschaften gerechnet werden, wie die des bekannten HDF Referenzfahrzeuges. Tabelle 5.2 stellt die neuen Reglementvorgaben den bisherigen Vorgaben gegenüber, auf denen das Konzeptfahrzeug basierte.

Für eine erste Vorauslegung der Fahrzeugproportionen soll berechnet werden, welche Zielbereiche es für die Gewichtsverteilung WD und die aerodynamische Abtriebsverteilung AB gibt, um sowohl rundenzeitminimale als auch gut fahrbare Eigenschaften zu erreichen. Zudem soll ermittelt werden, welche weiteren Achscharakteristiken verändert bzw. welche Kompromisse eingegangen werden müssen, um den veränderten technischen Anforderungen gerecht zu werden. Dazu wird mit einem entsprechend angepassten Fahrzeugmodell eine Parameterstudie durchgeführt, in der sowohl Gewichtsverteilung WD als auch aerodynamische Abtriebsverteilung AB in einem weiten Bereich variiert werden, um die ideale Kombination beider Werte bestimmen zu können.

Die Ergebnisse der Parameterstudie werden in Abbildung 5.26 und Abbildung 5.27 dargestellt. Im oberen linken Graph sind die theoretisch minimalen Rundenzeiten anhand von Isolinien gleicher Rundenzeit dargestellt. Im Variationsbereich von WD und AB kann ein Minimum der Rundenzeit von kleiner als 78,15 s bei $AB \approx 49\,\%$ und $WD \approx 45\,\%$ gefunden werden, wobei ähnlich schnelle Rundenzeiten auch für einen größeren Bereich von $AB = 46 - 52\,\%$ bei $WD = 42 - 46\,\%$ gefunden werden können. In den unteren 4 Graphen ist äquivalent zur Betrachtung im vorherigen Abschnitt die Vorderachsausnutzung $r_{sat,f}$ sowie die Gierkontrollierbarkeit n_δ im Kurveneingang für eine schnelle (HS) und eine langsame Kurve (LS) angegeben.

Die in Abschnitt 5.3.3 definierten objektiven Zielbereiche sind in die 4 unteren Graphen mit breiten schwarzen Linien hervorgehoben. Schließlich sind im oberen rechten Graph wiederum die Rundenzeit Isolinien angegeben, sowie die sich ergebenden kombinierten Zielbereiche für Auslastung und Kontrollierbarkeit.

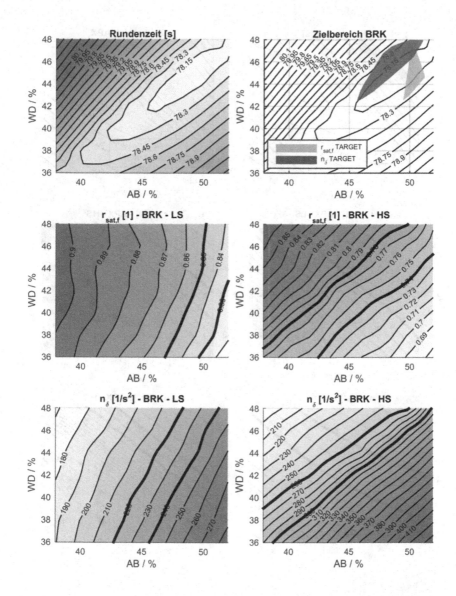

Abbildung 5.26: Rundenzeit und fahrdynamische Kenngrößen in Abhängigkeit von AB und WD sowie Zielbereich für den Kurveneingang (BRK)

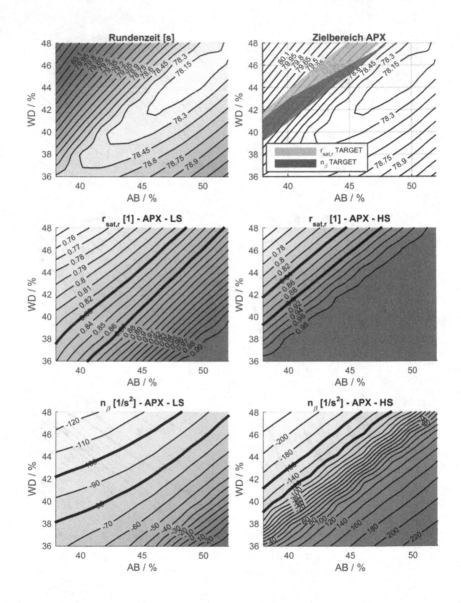

Abbildung 5.27: Rundenzeit und fahrdynamische Kenngrößen in Abhängigkeit von AB und WD sowie Zielbereich für die Kurvenmitte
(APX)

Es ist ersichtlich, dass die Vorderachsauslastung $r_{sat,f}$ für niedrige Geschwindigkeiten eine stärkere Abhängigkeit von der Abtriebsverteilung als von der Gewichtsverteilung hat, während für hohe Geschwindigkeiten eine diagonale Ausrichtung der Isolinien auf eine Abhängigkeit von beiden Parametern AB und WD hinweist. Zudem zeigt sich, dass die angestrebte Vorderachsauslastung von ca. 0,84 für niedrige Geschwindigkeiten nur mit hohen AB Werten erreicht werden kann. Eine Überlagerung der Vorderachsauslastung für LS und HS führt daher zu einem relativ kleinen Zielbereich bei ca. $AB = 50\%$ und $WD = 44\%$, der gleichzeitig nah am Rundenzeitoptimum angesiedelt ist. Eine Kombination der LS und HS Zielbereiche für n_δ ist im oberen rechten Graphen in hellgrau eingezeichnet. Die Überlappung der $r_{sat,f}$ und n_δ Zielbereiche ist außerordentlich klein und liegt bei ca. $AB = 50\%$ und $WD = 46\%$.

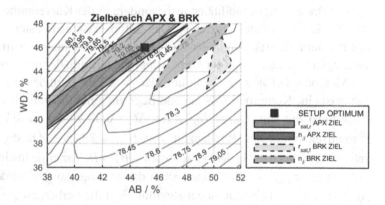

Abbildung 5.28: Darstellung des Zielkonflikts der Zielbereiche für Kurveneingang (BRK) und Kurvenmitte (APX)

In Abbildung 5.27 werden die Betrachtungen auf die Kurvenmitte ausgeweitet, in der die Eigenschaften Hinterachsausnutzung $r_{sat,r}$ und Giermomentenstabilität n_β als sensitiv ermittelt wurden. Besonders für $r_{sat,r}$ HS wird deutlich, dass mehr als die Hälfte des Variationsbereiches mit $r_{sat,r} > 0,9$ mit den bekannten Fahrertoleranzgrenzen als nicht fahrbar eingestuft werden kann. Außerdem haben die eingezeichneten $r_{sat,r}$ Zielbereiche für LS und HS keine Überlappung. Für den in den oberen rechten Graphen eingezeichneten

Zielbereich wurde daher die untere Toleranzgrenze der HS Ausnutzung eingezeichnet, da diese dem LS Zielbereich am nächsten kommt. Für die Stabilität
n_β können hingegen überlappende Zielbereiche für HS und LS gefunden werden. Eine fahrbare und gleichzeitig rundenzeitminimale Kombination ergibt
sich mit dieser Betrachtung bei den Werten $WD = 46\,\%$ und $AB = 45\,\%$
und einer theoretisch minimalen Rundenzeit von ca. $78{,}75\ s$.

Alle Zielbereiche für Kurveneingang (BRK) und Kurvenmitte (APX) sind in
Abbildung 5.28 zusammengefasst. Es geht daraus hervor, dass für die veränderten technischen Rahmenbedingungen keine AB/WD Kombination gefunden werden kann, die alle zuvor definierten Zielbereiche erfüllen kann. Falls
keine weiteren Eigenschaften am Fahrzeug verändert werden können, muss
als Kompromiss ein Setup gewählt werden, das zunächst die Anforderungen
hinsichtlich Fahrzeugstabilität erfüllt, da die größten Rundenzeitverluste bei
dem Auftreten von Instabilitäten insbesondere in der Kurvenmitte von schnellen Streckenabschnitten entstehen. Das Setup, dass den besten Kompromiss
aus Rundenzeit, Stabilität in der Kurvenmitte und Kontrollierbarkeit im Kurveneingang darstellt, kann für diese Annahme mithilfe der hier neu entwickelten Methodik bei $WD = 46\,\%$ und $AB = 45\,\%$ gefunden werden. Dieses
Setup ist eine Kompromisslösung und liegt mit einer theoretisch vorhergesagten Rundenzeit von $t_{lap} = 78{,}7\ s$ um $\Delta t = 0{,}55\ s$ oder um $0{,}7\ \%$ über der
theoretisch minimalen Rundenzeit von $t_{lap} = 78{,}15\ s$. Da die theoretisch
schnellste Rundenzeit in der betrachteten AB/WD-Variation in einem Bereich
mit nahezu $r_{sat,r} = 100\,\%$ liegt, kann davon ausgegangen werden, dass ein
so abgestimmtes Fahrzeug in der Realität nicht die vorhergesagte Rundenzeit
erreicht. Die Kompromisslösung markiert daher die schnellste in der Realität
umsetzbare Rundenzeit.

6 Zusammenfassung und Ausblick

In dem als ideal angenommenen Entwicklungsprozess für Rundstreckenrennfahrzeuge ist eine Vorhersagemöglichkeit der zu erwartenden Fahrzeugperformance notwendig, bevor ein physikalischer Prototyp vorhanden ist, um sowohl konzeptionelle als auch streckenabhängige Fahrzeugeigenschaften effizient und kostengünstig optimieren zu können. Die Rundenzeit t_{lap} ist dabei als wichtigstes Kriterium für die Gesamtfahrzeugperformance anzusehen, und wird mit Hilfe von Rundenzeitsimulationen der virtuellen Erprobung zugänglich gemacht. Unter den Herausforderungen, die nach dem heutigen Stand der Technik in der Simulation der Rundenzeit bestehen, gilt neben der realitätsnahen Abbildung von nichtlinearen Komponenten, wie Reifen- und Aerodynamikeigenschaften, insbesondere die Fahrereigenschaften, die für das Fahren im fahrdynamischen Grenzbereich relevant sind, als zu wenig erforscht.

In Rundenzeitsimulationsansätzen mit hohen Anforderungen an Genauigkeit wird daher von einer komplexen Repräsentation bzw. Modellierung des Fahrers abgesehen. Es wird angenommen, dass das Fahrzeug unabhängig von der Konfiguration immer am fahrdynamischen Grenzbereich entlanggeführt werden kann. Damit werden sowohl kurze Berechnungszeiten als auch hohe Genauigkeiten erreicht. Der Nachteil dieser Methode ist die Größe des Lösungsraumes, der für viele unterschiedliche Fahrzeugkonfigurationen ähnlich schnelle Rundenzeiten erreicht. Das ist damit erklärbar, dass es für die Simulation unerheblich ist, ob die Vorder- oder Hinterachse voll ausgenutzt wird, um die maximale Beschleunigung bzw. Geschwindigkeit zu erreichen. Es ist allerdings bekannt, dass die gesamte Ausnutzung des Hinterachspotenzials zur Folge hat, dass das Fahrzeug querdynamisch instabil wird. Weitere Kriterien zur Einschränkung des Lösungsraumes und Differenzierung gleichschneller Ergebnisse einer Rundenzeitsimulation müssen fahrdynamische Aspekte berücksichtigen, die einen direkten Einfluss auf die Fahrbarkeit des Fahrzeuges haben. Ein kennwertbasierter Ansatz auf Basis der bestehenden Simulationsumgebung wurde gewählt, um sowohl die bestehende Berechnungszeit als auch die Ergebnisgüte hinsichtlich Varianz und Stetigkeit beizubehalten.

© Der/die Autor(en), exklusiv lizenziert durch
Springer Fachmedien Wiesbaden GmbH, ein Teil von Springer Nature 2021
F. Goy, *Objektivierung der Fahrbarkeit im fahrdynamischen Grenzbereich
von Rennfahrzeugen*, Wissenschaftliche Reihe Fahrzeugtechnik Universität
Stuttgart, https://doi.org/10.1007/978-3-658-36048-1_6

Zur Bewertung der fahrdynamischen Eigenschaften wird ein kombinierter Ansatz entworfen, der die Betrachtungsweise der Momentenmethode für die gierdynamische Stabilität und Kontrollierbarkeit an den in der Rundenzeitsimulation auftretenden Fahrzuständen linearisiert berechnet. Da die Fahrzustände je nach Geschwindigkeit, Kurvenform und längs- bzw. querdynamischer Auslastung variieren, muss die Berechnung der Kennwerte für die jeweiligen Kurvenabschnitte, wie Kurveneingang, -mitte und -ausgang, einzeln erfolgen. Zusätzlich werden Kenngrößen eingeführt, die die jeweilige theoretische Achsausnutzung in gleicher Weise bewerten. Dabei werden die einzelnen Räder einer Achse anhand einer radlastabhängigen Gewichtung berücksichtigt. In dieser Art und Weise ergeben sich neben der Rundenzeitinformation zusätzliche Kennwerte, die eine Information zu benötigten Auslastungszuständen und Kontrollierbarkeit bzw. Stabilität geben. Zusätzlich zu der Betrachtung von relevanten Rennstrecken wird die Methode auch auf künstlich konstruierte Streckenszenarien angewendet, die mit rennstreckentypischen Kurvenradien erstellt werden. Dies gibt die Möglichkeit zur effizienten Vorauslegung von konzeptionellen Fahrzeugeigenschaften, ohne alle relevanten Rennstrecken gemeinsam betrachten zu müssen.

Die Überprüfung der vorgeschlagenen Methode erfolgt mit Rennfahrern, die zu jeder Fahrzeugkonfiguration eine strukturierte Subjektivbewertung abgeben. Zur Versuchsdurchführung wird ein Fahrsimulator verwendet, der den Fahrer in eine vollständig kontrollierte Modellumgebung integriert, um den Fahrereinfluss isoliert betrachten zu können. Fahrsimulatoren haben zudem den Vorteil, dass Änderungen in der Fahrzeugkonfiguration schnell und mit hoher Sicherheit durchgeführt werden können und stellen daher eine ideale Experimentierplattform für die gegebenen Fragestellungen dar. Für die Versuchsreihe werden unterschiedliche Verteilungseigenschaften am Fahrzeug in einer großen Bandbreite verändert. Änderungen der aerodynamischen Abtriebs-, Massen- oder Reifenschräglaufsteifigkeitsverteilung zwischen Vorder- und Hinterachse beeinflussen die theoretisch vorhergesagte Rundenzeit nur wenig, haben aber einen deutlichen Einfluss auf die Fahrzeugbalance und damit auch die Fahrbarkeit im Grenzbereich.

Im Versuch bestätigt sich, dass Rennfahrer die vorhergesagte Rundenzeit nur dann erreichen können, wenn von der Fahrzeugkonfiguration eine gutmütige und einfache Fahrbarkeit ausgeht. Wird das Fahrzeug aus der Balance gebracht, dann weicht die vom Fahrer erreichbare Rundenzeit von der vorherge-sagten Rundenzeit ab. Dies trifft insbesondere dann zu, wenn die Stabilität des Fahrzeuges bei hohen Geschwindigkeiten beeinträchtigt wird, das Fahrzeug also tendenziell übersteuernd abgestimmt wird. Eine Subjektiv-subjektiv-Ana-lyse zeigt, dass eine subjektiv gute Fahrbarkeitsbewertung nur dann wahr-scheinlich ist, wenn auch die empfundene Fahrzeugbalance in den einzelnen Kurvenabschnitten als annähernd neutral bzw. leicht untersteuernd bewertet wird.

Mit dieser Kenntnis werden Zielbereiche definiert, die es in der Folge ermög-lichen, eine vollständig virtuelle Vorauslegung mit fahrdynamischen Ein-schränkungen durchzuführen. Dies ergibt für ein angenommenes fiktives Stre-ckenszenario einen deutlich kleineren zulässigen Lösungsraum, als wenn die Fahrzeugkonfigurationen nur aufgrund ihrer vorhergesagten Rundenzeit be-wertet werden würden. Die Arbeit leistet damit einen Beitrag zur Objektivie-rung der Fahrbarkeit im Grenzbereich und zur Implementierung von fahrerbe-zogenen Zusammenhängen im frühen Entwicklungsprozess von Rennfahrzeu-gen. Der erlangte Neuheitswert wird in folgenden Punkten zusammengefasst:

- neu entwickelte Betrachtungsweise und Definition einer kennwertbasier-ten Objektivierungsmethode mit Strecken-Fahrzeugkennwerten

- erstmalige gemeinsame Betrachtung von Achsauslastungszuständen und linearisierten gierdynamischen Zuständen in Form von Strecken-Fahr-zeugkennwerten

- Beibehaltung der hocheffizienten erweiterten quasistatischen Runden-zeitberechnungsmethode und damit Sicherstellung der Anwendbarkeit in der Konzeptentwicklung und an der Rennstrecke

- Bestimmung von Strecken-Fahrzeugkennwerten auch ohne Kenntnis von realen Streckenverläufen mithilfe von konstruierten Szenarios

- Korrelation mit Subjektivurteilen über einen zweigeteilten Subjektivfra-gebogen für Fahrbarkeit und empfundene Fahrzeugbalance

- erstmalige Durchführung einer Parameterstudie für die Objektivierung im Grenzbereich in einer kontrollierten Fahrsimulatorumgebung mit mehre-ren professionellen Rennfahrern

Nachfolgende Arbeiten sollten aufgrund der hier vorgestellten Ergebnisse fol-gende Forschungsschwerpunkte aufweisen:

Überprüfung der Methode mit validierten Fahrzeugmodell

Für die Untersuchungen wurde ein Konzeptfahrzeug entwickelt, das Verein-
fachungen z.B. in der Komplexität des Antriebsstrangmodells und der aerodynamischen Modellierung beinhaltete. Die Wiederholung der Parameterstudie
mit der Komplexität des realen Rennfahrzeuges zeigt auf, ob die gefundenen
Zusammenhänge beibehalten werden können.

Erweiterung der Methode auf Versuche mit dem Realfahrzeug

Der nächste Schritt zur Verifizierung der Methode ist die Betrachtung von Realfahrzeug und Strecke anstelle eines Fahrsimulators. Die Herausforderung
liegt sowohl in der Berechnung der vorgestellten Strecken-Fahrzeugkennwerte
als auch darin, ein valides Fahrzeugmodell für die sich stetig ändernden Umgebungsbedingungen zu generieren.

Implementierung von Fahrereigenschaften in die Rundenzeitberechnung

Bei dem Vergleich der Geschwindigkeitstrajektorien zwischen Realfahrer und
Simulation ist aufgefallen, dass insbesondere im Bremsvorgang deutliche Unterschiede festgestellt werden können. Der Realfahrer bremst früher und nutzt
eine geringere Verzögerung als die Rundenzeitsimulation. Er kann so eine notwendige Reserve an Kontrollierbarkeit sicherstellen, die im Falle einer unvor-
hergesehenen Situation dazu dient, das Fahrzeug auf der Strecke bzw. Ideallinie halten zu können. Die Implementierung dieser Eigenschaften z.B. mit der
Einführung von Stabilitäts- oder Auslastungsrandbedingungen erhöht die Vor-
hersage- und Aussagegenauigkeit der Rundenzeitsimulation.

Integration der Ergebnisse in einen Optimalsteuerungsansatz

Die eingeführten Objektivgrößen zu Achsauslastung und Gierdynamik können
unabhängig von der Methode der Rundenzeitsimulation berechnet werden. In
einem Optimalsteuerungsansatz können diese direkt als Randbedingungen in
die Problemdefinition eingehen. Die Optimierung des Fahrzeugsetups hinsichtlich Fahrbarkeit und Stabilität kann so in nur einem Schritt vorgenommen
werden.

Literaturverzeichnis

[1] Milliken, W. F. u. Milliken, D. L.: Race Car Vehicle Dynamics, SAE R-146. SAE International, Warrendale, 1995

[2] AUDI AG: Audi in der WEC 2016, 2016. https://www.audi-medi-acenter.com/de/audi-in-der-wec-2016-5806, abgerufen am: 31.03.2018

[3] Völkl, T.: Erweiterte quasistatische Simulation zur Bestimmung des Einflusses transienten Fahrzeugverhaltens auf die Rundenzeit von Rennfahrzeugen, Dissertation, TU Darmstadt. Audi Dissertations-reihe, Bd. 83. Cuvillier Verlag, Göttingen, 2013

[4] Trzesniowski, M.: Rennwagentechnik. Grundlagen, Konstruktion, Komponenten, Systeme. ATZ/MTZ-Fachbuch. Springer Vieweg, Wiesbaden, 2014

[5] Haney, P.: The Racing & High-Performance Tire. Using the Tires to Tune for Grip and Balance, SAE R-351. SAE International & TV Motorsports, 2003

[6] Katz, J.: Race Car Aerodynamics. Designing for Speed. Robert Bentley Inc., Cambridge, Massachusetts, 1995

[7] Moss, S. u. Pomeroy, L.E.W.: Design and Behaviour of the Racing Car. William Kimber, London, 1963

[8] Kirk, D. E.: Optimal Control Theory. An Introduction. Dover Publications, 1998

[9] Mitschke, M. u. Wallentowitz, H.: Dynamik der Kraftfahrzeuge. VDI-Buch. Springer Vieweg, Wiesbaden, 2014

[10] Brayshaw, D. L. u. Harrison, M. F.: A quasi steady state approach to race car lap simulation in order to understand the effects of racing line and centre of gravity location. In: Proceedings of the Institution of Mechanical Engineers, Part D: Journal of Automobile Engineering Jg. 219 (2005) Nr. 6, S. 725–739

[11] Kelly, D. P.: Lap Time Simulation with Transient Vehicle and Tyre Dynamics, Dissertation, Cranfield University, 2008

© Der/die Herausgeber bzw. der/die Autor(en), exklusiv lizenziert durch
Springer Fachmedien Wiesbaden GmbH, ein Teil von Springer Nature 2021
F. Goy, *Objektivierung der Fahrbarkeit im fahrdynamischen Grenzbereich
von Rennfahrzeugen*, Wissenschaftliche Reihe Fahrzeugtechnik Universität
Stuttgart, https://doi.org/10.1007/978-3-658-36048-1

[12]   Michelin Reifenwerke KgAA: Der Reifen. Haftung - was Auto und Straße verbindet, Karlsruhe 2005

[13]   Mühlmeier, M.: Bewertung von Radlastschwankungen im Hinblick auf das Fahrverhalten von Pkw, Dissertation. Fortschritt-Berichte VDI: Reihe 12, Verkehrstechnik, Fahrzeugtechnik, Bd. 187. VDI Verlag, 1993

[14]   Mavroudakis, B.: About the Simulations of Formula 1 Racing Cars, Dissertation, Universität Stuttgart. Schriften aus dem Institut für Technische und Numerische Mechanik der Universität Stuttgart, 18/2011. Shaker Verlag, Aachen, 2011

[15]   König, L.: Ein virtueller Testfahrer für den querdynamischen Grenzbereich, Dissertation, Universität Stuttgart. Schriftenreihe des Instituts für Verbrennungsmotoren und Kraftfahrwesen der Universität Stuttgart, Bd. 43. expert Verlag, Renningen, 2009

[16]   Patton, C.: Development of Vehicle Dynamics Tools for Motorsports, Dissertation, Oregon State University, 2013

[17]   Kelly, D. P. u. Sharp, R. S.: Time-optimal control of the race car. Influence of a thermodynamic tyre model. In: Vehicle System Dynamics Jg. 50 (2012) Nr. 4, S. 641–662

[18]   Casanova, D., Sharp, R. S. u. Symonds, P.: Minimum time manoeuvring: The significance of yaw inertia. In: Vehicle System Dynamics Jg. 34 (2000) Nr. 2, S. 77–115

[19]   Butz, T.: Optimaltheoretische Modellierung und Identifizierung von Fahrereigenschaften, Dissertation, Technische Universität Darmstadt. Fortschritt-Berichte VDI: Reihe 8, Mess-, Steuerungs- und Regelungstechnik, Nr. 1080. VDI Verlag, Düsseldorf, 2005

[20]   Casanova, D.: On Minimum Time Vehicle Manoeuvring. The Theoretical Optimal Lap, Dissertation, Cranfield University, 2000

[21]   Betts, J. T.: Issues in the direct transcription of optimal control problems to sparse nonlinear programs. In: Computational Optimal Control. ISNM International Series of Numerical Mathematics, Bd. 115, S. 3–17, Birkhäuser, Basel, 1994

[22]   Gill, P. E., Murray, W., Saunders, M. A. u. Wong, E.: User's Guide for SNOPT 7.7. Software for Large-Scale Nonlinear Programming, Center for Computational Mathematics, La Jolla 2018

[23]   Wächter, A. u. Biegler, L. T.: On the implementation of an interior-point filter line-search algorithm for large-scale nonlinear programming. In: Mathematical Programming Jg. 106 (2006) Nr. 1, S. 25–57

[24]   Butz, T. u. Stryk, O.: Optimal Control Based Modeling of Vehicle Driver Properties. In: SAE 2005 World Congress. SAE Technical Paper Series, SAE International, 2005

[25]   Metz, D. u. Williams, D.: Near time-optimal control of racing vehicles. In: Automatica Jg. 25 (1989) Nr. 6, S. 841–857

[26]   Velenis, E.: Analysis and Control of High-Speed Wheeled Vehicles, Dissertation, Georgia Institute of Technology, 2006

[27]   Fujioka, T. u. Kimura, T.: Numerical simulation of minimum-time cornering behavior. In: JSAE Review Jg. 13 (1992) Nr. 1

[28]   Orend, R.: Steuerung der ebenen Fahrzeugbewegung mit optimaler Nutzung der Kraftschlusspotentiale aller vier Reifen. In: at - Automatisierungstechnik Jg. 53 (2005) Nr. 1-2005, S. 20–27

[29]   Velenis, E., Tsiotras, P. u. Lu, J.: Modeling aggressive maneuvers on loose surfaces: The cases of Trail-Braking and Pendulum-Turn. In: 2007 European Control Conference (ECC), 2007

[30]   Velenis, E. u. Tsiotras, P.: Minimum Time vs Maximum Exit Velocity Path Optimization During Cornering. In: ISIE 2005. Proceedings of the IEEE international symposium on industrial electronics, S. 355–360, IEEE, 2005

[31]   Potthoff, J. u. Schmid, I. C.: Wunibald I. E. Kamm - Wegbereiter der modernen Kraftfahrtechnik. VDI-Buch. Springer-Verlag, Berlin, Heidelberg, 2012

[32]   Goy, F., Wiedemann, J., Kalkofen, M. u. van Koutrik, S.: Influence of Driver Limitations on Minimum Lap Time Manoeuvring of Racecars. F2016-VDCA-019. In: FISITA 2016 World Automotive Congress, 2016

[33]   Plöchl, M. u. Edelmann, J.: Driver models in automobile dynamics application. In: Vehicle System Dynamics (2007) Nr. 45, S. 699–741

[34]   Henze, R.: Beurteilung von Fahrzeugen mit Hilfe eines Fahrermo-
       dells. Dissertation, Technische Universität Braunschweig. Schriften-
       reihe des Instituts für Fahrzeugtechnik TU Braunschweig, Bd. 7.
       Shaker Verlag, 2004

[35]   Krantz, W.: An advanced approach for predicting and assessing the
       driver's response to natural crosswind, Dissertation, Universität
       Stuttgart. Schriftenreihe des Instituts für Verbrennungsmotoren und
       Kraftfahrwesen der Universität Stuttgart, Bd. 61. expert Verlag, Ren-
       ningen, 2012

[36]   VI-grade GmbH: VI CarRealTime 18.2 Documentation, 2018

[37]   Macadam, C. C.: Development of a driver model for Near/At-Limit
       Vehicle Hanfling. Final Technical Report UMTRI-2001-43, 2001.
       http://deepblue.lib.umich.edu/handle/2027.42/1485

[38]   Macadam, C. C.: Understanding and modeling the human driver. In:
       Vehicle System Dynamics (2003) Nr. 40, S. 101–134

[39]   Sharp, R. S., Casanova, D. u. Symonds, P.: A Mathematical Model for
       Driver Steering Control, with Design, Tuning and Performance Re-
       sults. In: Vehicle System Dynamics (2000) Nr. 5, S. 289–326

[40]   Keen, S. D.: Modeling Driver Steering Behavior using Multiple-
       Model Predictive Control, Dissertation, University of Cambridge,
       2008

[41]   Thommyppillai, M., Evangelou, S. u. Sharp, R. S.: Car driving at the
       limit by adaptive linear optimal preview control. In: Vehicle System
       Dynamics Jg. 47 (2009) Nr. 12, S. 1535–1550

[42]   Timings, J. P. u. Cole, D. J.: Efficient minimum manoeuvre time op-
       timisation of an oversteering vehicle at constant forward speed. In:
       American Control Conference (ACC), S. 5267–5272, 2011

[43]   McNally, P. J.: Driver Control and Trajectory Optimization Applied
       to Lane Change Maneuver. In: Optimization and Optimal Control in
       Automotive Systems. Lecture Notes in Control and Information Sci-
       ences, S. 93–107, Springer International Publishing, Cham, 2014

[44] Kasprzak, E. M., Lewis, K. E. u. Milliken, D. L.: Steady-state vehicle optimization using pareto-minimum analysis. 1998 Motorsports Engineering Conference and Exposition. In: SAE Technical Paper Series (1998) Nr. 983083

[45] McAllister, C. D., Simpson, T. W., Hacker, K. u. Lewis, K.: Application of multidiciplinary Design Optimization to Racecar Design and Analysis. In: 9th AIAA/ISSMO Symposium on Multidisciplinary Analysis and Optimization, 2002

[46] McAllister, C. D., Simpson, T. W., Lewis, K. u. Messac, A.: Robust multiobjective optimization through collaborative optimization and linear physical programming. In: 10th AIAA/ISSMO Multidisciplinary Analysis and Optimization Conference, 2004

[47] Wloch, K. u. Bentley, P. J.: Optimising the Performance of a Formula One Car Using a Genetic Algorithm. In: Parallel Problem Solving from Nature - PPSN VIII, Bd. 3242, S. 702–711, Springer-Verlag, Berlin, Heidelberg, 2004

[48] Munoz, J., Gutierrez, G. u. Sanchis, A.: Multi-objective evolution for Car Setup Optimization. In: UKCI. UK Workshop on Computational Intelligence, S. 1–5, IEEE, 2010

[49] Cardamone, L., Loiacono, D., Lanzi, P. L. u. Bardelli, A. P.: Searching for the optimal racing line using genetic algorithms. In: 2010 IEEE Symposium on Computational Intelligence and Games (CIG), S. 388–394, 2010

[50] Mühlmeier, M. u. Müller, N.: Optimisation of the Driving Line on a Race Track. In: SAE Technical Paper Series Nr. 2002-01-3339, S. 68–71

[51] Riekert, P. u. Schunck, T. E.: Zur Fahrmechanik des gummibereiften Kraftfahrzeugs. In: Ingenieur-Archiv Jg. 11 (1940) Nr. 3, S. 210–224

[52] Heißing, B. u. Helling, J.: Ein Beitrag zur objektiven Bewertung des fahrdynamischen Verhaltens von Pkw auf der Grundlage einer Fahrzeugsimulation. Forschungsberichte Des Landes Nordrhein-Westfalen, Fachgruppe Umwelt/Verkehr, Bd. 2675. VS Verlag für Sozialwissenschaften, Wiesbaden, 1977

[53]   Lincke, W., Richter, B. u. Schmidt, R.: Simulation and Measurement of Driver Vehicle Handling Performance. National Automobile Engineering Meeting. In: SAE Technical Paper Series (1973) Nr. 730489

[54]   Zomotor, A., Braess, H.-H. u. Rönitz, R.: Verfahren und Kriterien zur Bewertung des Fahrverhaltens von Personenkraftwagen. Ein Rückblick auf die letzten 20 Jahre. Teil 1. In: ATZ - Automobiltechnische Zeitschrift Jg. 99 (1997) Nr. 12, S. 780–786

[55]   Zomotor, A., Braess, H.-H. u. Rönitz, R.: Verfahren und Kriterien zur Bewertung des Fahrverhaltens von Personenkraftwagen. Ein Rückblick auf die letzten 20 Jahre. Teil 2. In: ATZ - Automobiltechnische Zeitschrift Jg. 100 (1998) Nr. 3, S. 236–243

[56]   Becker, K. (Hrsg.): Subjektive Fahreindrücke sichtbar machen III. Korrelation zwischen objektiver Messung und subjektiver Beurteilung von Versuchsfahrzeugen und -komponenten. Haus der Technik Fachbuch, Bd. 56. expert Verlag, Renningen, 2006

[57]   Becker, K. (Hrsg.): Subjektive Fahreindrücke sichtbar machen IV. Korrelation zwischen objektiver Messung und subjektiver Beurteilung in der Fahrzeugentwicklung. Haus der Technik Fachbuch, Bd. 108. expert Verlag, Renningen, 2010

[58]   Becker, K. (Hrsg.): Subjektive Fahreindrücke sichtbar machen I. Korrelation zwischen CAE-Berechnung, Versuch und Messung von Versuchsfahrzeugen und -komponenten. Haus der Technik Fachbuch. expert Verlag, Renningen, 2000

[59]   Wolff, K., Kraaijeveld, R. u. Hoppermanns, J.: Objektivierung der Fahrbarkeit. In: Subjektive Fahreindrücke sichtbar machen IV. Korrelation zwischen objektiver Messung und subjektiver Beurteilung in der Fahrzeugentwicklung. Haus der Technik Fachbuch, Bd. 108, expert Verlag, Renningen, 2010

[60]   Pauwelussen, J.: Essentials of Vehicle Dynamics. Butterworth-Heinemann, Oxford, 2015

[61]   Riedel, A. u. Arbinger, R.: Subjektive und objektive Beurteilung des Fahrverhaltens von PKW. FAT Schriftenreihe, Bd. 139. 1997

[62]   Riedel, A. u. Arbinger, R.: Ergänzende Auswertungen zur subjektiven und objektiven Beurteilung des Fahrverhaltens von PKW. FAT Schriftenreihe, Bd. 161. 2000

[63]   Chen, D.: Subjective And Objective Vehicle Handling Behaviour, Dissertation, University of Leeds, 1997

[64]   Crolla, D. A., King, R. P. u. Ash, H.A.S.: Subjective and Objective Assessment Of Vehicle Handling Performance. Seoul 2000 FISITA World Automotive Congress. In: SAE Technical Paper Series (2000) Nr. 2000-05-0247

[65]   Weir, D. H. u. DiMarco Richard J.: Correlation and Evaluation of Driver/Vehicle Directional Handling Data. SAE Technical Paper Series Nr. 780010, 1978

[66]   Hill, R.: Correlation of subjective evaluation and objective measurement of vehicle handling. In: International Conference on New Developments in Power Train and Chassis Engineering 2, S. 640–659, 1987

[67]   ISO 4138: Passenger cars — Steady-state circular driving behaviour - Open-loop test methods; 2012

[68]   ISO 7401: Road vehicles - Lateral transient response test methods - Open-loop test methods; 2011

[69]   ISO 7975: Passenger cars - Braking in a turn - Open-loop test methods; 2006

[70]   ISO 9816: Passenger cars - Power-off reaction of a vehicle in a turn - Open-loop test method; 2006

[71]   ISO 3888-1: Passenger cars — Test track for a severe lane-change manoeuvre —Part 1: Double lane-change; 1999

[72]   ISO 3888-2: Passenger cars — Test track for a severe lane-change manoeuvre —Part 1: Obstacle Avoidance; 2011

[73]   Riedel, A., Gnadler, R. u. Dibbern, K.: Bewertungskriterien zur Fahrverhaltensanalyse in Versuch und Simulation. Ermittlung neuer Kennwerte für den ISO-Spurwechsel. In: VDI Berichte (1992) Nr. 1007

[74]   Data, S. u. Frigerio, F.: Objective evaluation of handling quality. In: Proceedings of the Institution of Mechanical Engineers, Part D: Journal of Automobile Engineering Jg. 216 (2002) Nr. 4, S. 297–305

[75]   Data, S., Pascali, L. u. Santi, C.: Handling Objective Evaluation Using a Parametric Driver Model for ISO Lane Change Simulation. In: SAE Technical Paper Series (2002) Nr. 2002-01-1569

[76] Apel, A. u. Mitschke, M.: Adjusting vehicle characteristics by means of driver models. In: International journal of vehicle design Jg. 18 (1997) Nr. 6, S. 583–596

[77] Prokop, G.: Modeling human vehicle driving by model predictive online optimization. In: Vehicle System Dynamics Jg. 35 (2001) Nr. 1, S. 19–53

[78] Sharp, R. S.: Driver Steering Control and a New Perspective on Car Handling Qualities. In: Proceedings of the Institution of Mechanical Engineers, Part C: Journal of Mechanical Engineering Science Jg. 219 (2005) Nr. 10, S. 1041–1051

[79] Kraus, S. B.: Fahrverhaltensanalyse zur Parametrierung situationsadaptiver Fahrzeugführungsysteme, Dissertation, Technische Universität München, 2011

[80] Schimmel, C.: Entwicklung eines fahrerbasierten Werkzeugs zur Objektivierung subjektiver Fahreindrücke, Dissertation, Technische Universität München, 2010

[81] Huneke, M.: Fahrverhaltensbewertung mit anwendungsspezifischen Fahrdynamikmodellen, Dissertation, Technische Universität Braunschweig. Schriftenreihe des Instituts für Fahrzeugtechnik TU Braunschweig, Bd. 31. Shaker Verlag, 2012

[82] Meyer-Tuve, H.: Modellbasiertes Analysetool zur Bewertung der Fahrzeugquerdynamik anhand von objektiven Bewegungsgrössen, Dissertation, Technische Universität München, 2008

[83] Decker, M.: Zur Beurteilung der Querdynamik von Personenkraftwagen, Dissertation, Technische Universität München, 2008

[84] Dettki, F.: Methoden zur objektiven Bewertung des Geradeauslaufs von Personenkraftwagen, Dissertation, Universität Stuttgart, 2005

[85] Barthenheier, T.: Potenzial einer fahrertyp- und fahrsituationsabhängigen Lenkradmomentgestaltung, Dissertation, Technische Universität Darmstadt, 2007

[86] Gutjahr, D.: Objektive Bewertung querdynamischer Reifeneigenschaften im Gesamtfahrzeugversuch, Dissertation, Karlsruher Institut für Technologie (KIT). Karlsruher Schriftenreihe Fahrzeugsystemtechnik, Bd. 20. KIT Scientific Publishing, Karlsruhe, 2013

[87] Na, J. u. Gil, G.: Virtual Optimization of Tire Cornering Characteristics to Satisfy Handling Performance of a Vehicle, SAE 2016 World Congress and Exhibition. In: SAE Technical Paper Series (2016) Nr. 2016-01-1652

[88] Peckelsen, U.: Objective Tyre Development, Dissertation, Karlsruher Institut für Technologie (KIT). Karlsruher Schriftenreihe Fahrzeugsystemtechnik, Bd. 57. KIT Scientific Publishing, Karlsruhe, 2017

[89] Stock, G.: Handlingpotentialbewertung aktiver Fahrwerkregelsysteme, Dissertation, Technische Universität Braunschweig. Schriftenreihe des Instituts für Fahrzeugtechnik TU Braunschweig, Bd. 25. Shaker Verlag, Aachen, 2011

[90] Bauer, M.: Methoden zur modellbasierten Fahrdynamikanalyse und Bewertung von Fahrdynamikregelsystemen. Fortschritt-Berichte VDI: Reihe 12, Verkehrstechnik, Fahrzeugtechnik, Bd. 792. VDI Verlag, Düsseldorf, 2015

[91] Kraft, C.: Gezielte Variation und Analyse des Fahrverhaltens von Kraftfahrzeugen mittels elektrischer Linearaktuatoren im Fahrwerksbereich, Dissertation, Karlsruher Institut für Technologie (KIT). Karlsruher Schriftenreihe Fahrzeugsystemtechnik, Bd. 5. KIT Scientific Publishing, Karlsruhe, 2011

[92] Simmermacher, D.: Objektive Beherrschbarkeit von Gierstörungen in Bremsmanövern, Dissertation, Technische Universität Darmstadt. Fortschritt-Berichte VDI: Reihe 12, Verkehrstechnik, Fahrzeugtechnik, Nr. 771. VDI Verlag, Düsseldorf, 2013

[93] Knauer, P.: Objektivierung des Schwingungskomforts bei instationärer Fahrbahnanregung, Dissertation, Universität München, 2010

[94] Maier, P.: Entwicklung einer Methode zur Objektivierung der subjektiven Wahrnehmung von antriebsstrangerregten Fahrzeugschwingungen, Dissertation, Karlsruher Institut für Technologie (KIT). Forschungsberichte IPEK, Bd. 51. Karlsruhe, 2012

[95] Heissing, B., Ersoy, M. u. Gies, S.: Fahrwerkhandbuch. Grundlagen, Fahrdynamik, Komponenten, Systeme, Mechatronik, Perspektiven. ATZ/MTZ-Fachbuch. Springer Vieweg, Wiesbaden, 2013

[96] Heißing, B. u. Brandl, H. J.: Subjektive Beurteilung des Fahrverhaltens. Vogel-Fachbuch. Vogel Buchverlag, Würzburg, 2002

[97]   Wolf, H. J.: Ergonomische Untersuchung des Lenkgefühls an Perso-
        nenkraftwagen, Dissertation, Technische Universität München, 2008

[98]   Harris, D., Chan-Pensley, J. u. McGarry, S.: The development of a
        multidimensional scale to evaluate motor vehicle dynamic qualities.
        In: Ergonomics Jg. 48 (2005) Nr. 8, S. 964–982

[99]   Wichman, K. D., Pahle, J. W., Bahm, C., Davidson, J. B., Bacon, B.
        J., Murphy, P. C., Ostroff, A. J. u. Hoffler, K. D.: High-Alpha Han-
        dling Qualities Flight Research on the NASA F/A-18 High Alpha Re-
        search Vehicle. NASA Technical Memorandum 4773, Edwards, Cal-
        ifornia 1996

[100]   Cooper, G. E. u. Harper, Robert P., Jr: The Use of Pilot Rating in the
        Evaluation of Aircract Handling Qualities. AGARD - Advisory Group
        for Aerospace Research & Development Nr. 567, 1969

[101]   Harper, R. P. u. Cooper, G. E.: Handling Qualities and Pilot Evalua-
        tion. In: Journal of Guidance, Control and Dynamics Jg. 9 (1986) Nr.
        5, S. 515–529

[102]   Neukum, A. u. Krüger, H. P.: Fahrerreaktionen bei Lenksystemstö-
        rungen -Untersuchungsmethodik und Bewertungskriterien. In: VDI
        Berichte (2003) Nr. 1791, S. 297–318

[103]   Krüger, H.-P., Neukum, A. u. Schuller, J.: Bewertung von Fahrzeug-
        eigenschaften–Vom Fahrgefühl zum Fahrergefühl. In: Bewertung von
        Mensch-Maschine-Systemen—3. Berliner Werkstatt Mensch-Ma-
        schine-Systeme, VDI-Verlag (1999)

[104]   Bergholz, J., Henze, R. u. Kücükay, F.: Objektivierung des Fahrerleis-
        tungsvermögens, TU Braunschweig. 3. Tagung Aktive Sicherheit
        durch Fahrerassistenz. Garching bei München, 2008

[105]   Pion, O., Henze, R. u. Kücükay, F.: Fingerprint des Fahrers zur Adap-
        tion von Assistenzsystemen. In: INFORMATIK 2012, S. 833–842,
        Bonn, 2012

[106]   Stock, G.; Hoffmann. J.; Kücückay, F. u. Henze, R.: Sensititvität des
        Durchschnittsfahrers auf Veränderungen in der Fahrzeugdynamik. In:
        Subjektive Fahreindrücke sichtbar machen IV. Korrelation zwischen
        objektiver Messung und subjektiver Beurteilung in der Fahrzeugent-
        wicklung. Haus der Technik Fachbuch, Bd.108, expert Verlag, Ren-
        ningen, 2010

[107]   Land, M. F. u. Tatler, B. W.: Steering with the head: The visual strategy of a racing driver. In: Current Biology Jg. 11 (2001) Nr. 15, S. 1215–1220

[108]   Dixon, J. C.: Limit Steady State Vehicle Handling. In: Proceedings of the Institution of Mechanical Engineers, Part D: Journal of Automobile Engineering Jg. 201 (1987) Nr. 44, S. 281–291

[109]   Dixon, J. C.: Linear and Non-Linear Steady State Vehicle Handling. In: Proceedings of the Institution of Mechanical Engineers, Part D: Journal of Automobile Engineering Jg. 202 (1988) Nr. 34, S. 173–186

[110]   Vaduri, S. u. Law, E. H.: Development of an Expert System for the Analysis of Track Test Data. SAE Automotive Dynamics & Stability Conference 2000. In: SAE Technical Paper Series (2000) Nr. 2000-01-1628

[111]   Martin, B. T. u. Law, E. H.: Development of an Expert System for Race Car Driver & Chassis Diagnostics. SAE Automotive Dynamics and Stability Conference 2002. In: SAE Technical Paper Series (2002) Nr. 2002-01-1574

[112]   Kegelman, J. C., Harbott, L. K. u. Gerdes, J. C.: Insights into vehicle trajectories at the handling limits: analysing open data from race car drivers. In: Vehicle System Dynamics Jg. 55 (2017) Nr. 2, S. 191–207

[113]   Pacejka, H. B.: Tire and Vehicle Dynamics. Butterworth-Heinemann, 2012

[114]   Milliken, W. F., Dell'Amico, F. u. Rice, R. S.: The Static Directional Stability and Control of the Automobile. SAE 1976 Automobile Engineering Meeting. In: SAE Technical Paper Series (1976) Nr. 760712

[115]   Guiggiani, M.: The Science of Vehicle Dynamics. Handling, Braking, and Ride of Road and Race Cars. Springer-Verlag, Dordrecht, 2014

[116]   Vietinghoff, A. v.: Nichtlineare Regelung von Kraftfahrzeugen in querdynamisch kritischen Fahrsituationen, Dissertation, Universität Karlsruhe. Universitätsverlag Karlsruhe, Karlsruhe, 2008

[117]   Lot, R. u. Dal Bianco, N.: The significance of high-order dynamics in lap time simulations. In: The Dynamics of Vehicles on Roads and

Tracks. Proceedings of the 24th Symposium of the International Association for Vehicle System Dynamics (IAVSD 2015), CRC Press, 2016

[118] ISO 8855: Road vehicles — Vehicle dynamics and road-holding ability — Vocabulary; 2011

[119] Unterreiner, M.: Modellbildung und Simulation von Fahrzeugmodellen unterschiedlicher Komplexität, Dissertation, Universität Duisburg-Essen, 2014

[120] Pfeffer, P. E. u. Harrer, M.: Lenkungshandbuch. Lenksysteme, Lenkgefühl, Fahrdynamik von Kraftfahrzeugen. Vieweg+Teubner, Wiesbaden, 2011

[121] AUDI AG: Technische Daten Audi R18 e-tron quattro (2016), 2016. https://www.audi-mediacenter.com/de/audi-in-der-wec-2016-5806/technische-daten-audi-r18-2016-5807, abgerufen am: 31.03.2018

[122] Rill, G.: Road Vehicle Dynamics. Fundamentals and Modeling. Ground Vehicle Engineering Series, Bd. 2. CRC Press, 2012

[123] Hirschberg, W., Rill, G. u. Weinfurter, H.: User-Appropriate Tyre-Modelling for Vehicle Dynamics in Standard and Limit Situations. In: Vehicle System Dynamics Jg. 38 (2003) Nr. 2, S. 103–125

[124] Völkl, T., Lukesch, R., Mühlmeier, M., Graf, M. u. Winner, H.: A Modular Race Tire Model Concerning Thermal and Transient Behavior using a Simple Contact Patch Description. In: Tire Science and Technology Jg. 41 (2013) Nr. 4, S. 232–246

[125] Salisbury, I. G. u. Limebeer, D. J.N.: Motion cueing in high-performance vehicle simulators. In: Vehicle System Dynamics Jg. 55 (2017) Nr. 6, S. 775–801

[126] Fritzsche, K., Strecker, F. u. Huneke, M.: Simulation-based Development Process for Motor Sport and Series Production. In: ATZ worldwide Jg. 119 (2017) Nr. 9, S. 60–63

[127] Salisbury, I. G. u. Limebeer, D. J. N.: Optimal Motion Cueing for Race Cars. In: IEEE Transactions on Control Systems Technology Jg. 24 (2016) Nr. 1, S. 200–215

[128] MTS Systems Corporation: MTS Vehicle Dynamics Simulator. Delivering higher fidelity, deeper insight & faster development, 2018. http://www.mts.com/vds/VDS.pdf, abgerufen am: 13.01.2019

[129] ABDynamics: Advanced Vehicle Driving Simulator. aVDS Brochure, 2018. https://www.abdynamics.com/resources/files/ABD-aVDS-Brochure-v-1.3-Oct-2018.pdf, abgerufen am: 13.01.2019

[130] VI-grade GmbH: VI-grade reports completion of installation of DiM150 simulator at Audi Motorsport, 2018. https://www.vi-grade.com/en/about/news/vi-grade-reports-completion-of-installation-of-dim150-simulator-at-audi-motorsport_671/, abgerufen am: 13.12.2018

[131] Goy, F., Wiedemann, J., Völkl, T., Delli Colli, G., Neubeck, J. u. Krantz, W.: Development of objective criteria to assess the vehicle performance utilized by the driver in near-limit handling conditions of racecars. In: 16. Internationales Stuttgarter Symposium. Automobil- und Motorentechnik, Springer Vieweg, Wiesbaden, 2016

[132] Streckenkarte der Rennstrecke Silverstone GP, 2011. https://commons.wikimedia.org/w/index.php?curid=21935998, abgerufen am: 31.03.2018

[133] Neukum, A., Krüger, H. P. u. Schuller, J.: Der Fahrer als Mess-instrument für fahrdynamische Eigenschaften? In: VDI Berichte (2001) Nr. 1613

[134] Dominy, R. G.: Aerodynamic Influences on the Performance of the Grand Prix Racing Car. In: Proceedings of the Institution of Mechanical Engineers, Part D: Journal of Automobile Engineering Jg. 198 (1984) Nr. 2, S. 87–93

[135] AUDI AG: Audi R18 e-tron quattro, 2016. https://www.audi-mediacenter.com/de/audi-r18-e-tron-quattro-76, abgerufen am: 31.03.2018

[136] Einsle, S., Schimmel, C. u. Wagner, A.: Influence of tyre-lateral characteristics on full-vehicle attributes. In: 12. Internationales Stuttgarter Symposium. Automobil- und Motorentechnik, S. 215–224, 2012

Anhang

A1. Technische Daten Audi R18 (2016)

Technische Daten Audi R18 (2016)

Stand: März 2016

Modell	**Audi R18 (2016)**
Fahrzeug	
Fahrzeugtyp	Le Mans Prototyp (LMP1)
Monocoque	Verbundfaser-Konstruktion aus Carbonfasern mit Aluminium-Wabenkern und Zylon-Seitenpanels, getestet nach den strengen FIA-Crash- und Sicherheitsstandards, Front- und Heckcrasher aus CFK
Bordnetz-Batterie	Lithium-Ionen-Batterie
Motor	
Motor	Audi TDI, V6-Motor mit Turboaufladung, 120-Grad-Zylinderwinkel, 4 Ventile pro Zylinder, 1 Garrett-VTG-Turbolader, Diesel-Direkteinspritzung TDI, Aluminium-Zylinder-Kurbelgehäuse voll tragend
Hubraum	4.000 ccm
Leistung	Über 378 kW (514 PS)
Drehmoment	Über 850 Nm
Hybridsystem	
Speicherart	Elektrochemisch durch Lithium-Ionen-Batterie, nutzbare Speicherkapazität über 2 MJ
Motor-Generator-Einheit (MGU)	Eine MGU an der Vorderachse, integriertes Sperrdifferenzial. Niedertemperatur-Kühlkreislauf für MGU, integrierte Leistungselektronik und Energiespeicher. Leistung MGU: über 350 kW bei Rekuperation/Boost (300 kW bei Boost in Le Mans)
Leistungsklasse	ERS 6 MJ (Wert gültig für Rennstrecke Le Mans)
Antrieb/Kraftübertragung	
Antriebsart	Heckantrieb, Traktionskontrolle (ASR), Allradantrieb e-tron quattro im Hybridbetrieb
Kupplung	CFK-Kupplung
Getriebe	Sequenzielles 6-Gang-Renngetriebe
Differenzial	Sperrdifferenzial hinten
Getriebegehäuse	CFK mit Titan-Inserts
Antriebswellen	Gleichlauf-Tripode-Verschiebe-Gelenkwellen
Fahrwerk/Lenkung/Bremse	
Lenkung	Zahnstangen-Servolenkung
Fahrwerk	Vorn und hinten Einzelrad-Aufhängung an unteren und oberen Querlenkern, Pushrod-System an der Vorderachse und Pullrod-System an der Hinterachse mit einstellbaren Stoßdämpfern, zwei Radhalteseile pro Rad
Bremsen	Hydraulische Zweikreis-Bremsanlage, Monoblock-Leichtmetall-Bremssättel, belüftete Kohlefaser-Bremsscheiben vorn und hinten
Felgen	OZ-Schmiedefelgen aus Magnesium
Reifen	Michelin Radial, vorn: 31/71-18, hinten: 31/71-18
Gewichte/Abmessungen	
Länge	4.650 mm
Breite	1.900 mm
Höhe	1.050 mm
Mindestgewicht	875 kg
Tankinhalt	49,9 Liter

Abbildung 6.1: Technische Daten Audi R18 RP6 [121]

© Der/die Herausgeber bzw. der/die Autor(en), exklusiv lizenziert durch Springer Fachmedien Wiesbaden GmbH, ein Teil von Springer Nature 2021
F. Goy, *Objektivierung der Fahrbarkeit im fahrdynamischen Grenzbereich von Rennfahrzeugen*, Wissenschaftliche Reihe Fahrzeugtechnik Universität Stuttgart, https://doi.org/10.1007/978-3-658-36048-1

A2. Fahrzeugvarianten Versuche Fahrsimulator

VARIANT ID	CZ TOTAL	AERO BALANCE	WEIGHT_BALANCE	TIRE KY FRONT	TIRE KY REAR	KY BALANCE	TIRE GRIP FRONT	GRIP GRIP REAR	TIRE GRIP BALANCE	TIRE KX FRONT	TIRE KX REAR	TIRE GRIP X FRONT	TIRE GRIP X REAR	YAW INERTIA
[1]	[1]	[%]	[%]	[1]	[1]	[%]	[1]	[1]	[%]	[1]	[1]	[1]	[1]	[1]
1	3,5	45,0	50,0	1,00	1,05	48,8	1,00	1,05	48,8	0,90	0,95	0,90	0,95	1,0
2	3,5	50,0	50,0	1,00	1,05	48,8	1,00	1,05	48,8	0,90	0,95	0,90	0,95	1,0
3	3,5	40,0	50,0	1,00	1,05	48,8	1,00	1,05	48,8	0,90	0,95	0,90	0,95	1,0
4	3,5	47,5	50,0	1,00	1,05	48,8	1,00	1,05	48,8	0,90	0,95	0,90	0,95	1,0
5	3,5	42,5	50,0	1,00	1,05	48,8	1,00	1,05	48,8	0,90	0,95	0,90	0,95	1,0
6	5,5	45,0	50,0	1,00	1,05	48,8	1,00	1,05	48,8	0,90	0,95	0,90	0,95	1,0
7	5,5	50,0	50,0	1,00	1,05	48,8	1,00	1,05	48,8	0,90	0,95	0,90	0,95	1,0
8	5,5	40,0	50,0	1,00	1,05	48,8	1,00	1,05	48,8	0,90	0,95	0,90	0,95	1,0
9	5,5	47,5	50,0	1,00	1,05	48,8	1,00	1,05	48,8	0,90	0,95	0,90	0,95	1,0
10	5,5	42,5	50,0	1,00	1,05	48,8	1,00	1,05	48,8	0,90	0,95	0,90	0,95	1,0
11	3,5	42,5	50,0	1,00	1,00	50,0	1,00	1,00	50,0	1,00	1,00	0,90	0,90	1,0
12	3,5	37,5	50,0	1,00	1,00	50,0	1,00	1,00	50,0	1,00	1,00	0,90	0,90	1,0
13	3,5	45	50,0	1,00	1,00	50,0	1,00	1,00	50,0	1,00	1,00	0,90	0,90	1,0
14	3,5	40	50,0	1,00	1,00	50,0	1,00	1,00	50,0	1,00	1,00	0,90	0,90	1,0
15	3,5	42,5	50,0	1,00	1,00	50,0	1,00	1,00	50,0	1,00	1,00	0,90	0,90	0,8
16	3,5	42,5	50,0	1,00	1,00	50,0	1,00	1,00	50,0	1,00	1,00	0,90	0,90	1,2
17	3,5	42,5	50,0	0,80	0,80	50,0	1,00	1,00	50,0	1,00	1,00	0,90	0,90	1,0
18	3,5	42,5	50,0	1,20	1,20	50,0	1,00	1,00	50,0	1,00	1,00	0,90	0,90	1,0
19	3,5	42,5	50,0	1,05	0,95	52,5	1,00	1,00	50,0	1,00	1,00	0,90	0,90	1,0
20	3,5	42,5	50,0	1,10	0,90	55,0	1,00	1,00	50,0	1,00	1,00	0,90	0,90	1,0
21	3,5	42,5	50,0	0,95	1,05	47,5	1,00	1,00	50,0	1,00	1,00	0,90	0,90	1,0
22	3,5	42,5	50,0	0,90	1,10	45,0	1,00	1,00	50,0	1,00	1,00	0,90	0,90	1,0
23	3,5	42,5	50,0	0,85	1,15	42,5	1,00	1,00	50,0	1,00	1,00	0,90	0,90	1,0
24	3,5	45	50,0	0,85	1,15	42,5	1,00	1,00	50,0	1,00	1,00	0,90	0,90	1,0
25	3,5	45	50,0	0,95	1,05	47,5	1,00	1,00	50,0	1,00	1,00	0,90	0,90	1,0
26	3,5	35	50,0	1,00	1,00	50,0	1,00	1,00	50,0	1,00	1,00	0,90	0,90	1,0
27	3,5	42,5	50,0	1,00	1,05	48,8	0,98	1,07	48,0	0,90	0,95	0,90	0,95	1,0
28	3,5	42,5	50,0	1,00	1,05	48,8	1,03	1,03	50,0	0,90	0,95	0,90	0,95	1,0
29	5,5	45,0	50,0	1,00	1,05	48,8	1,03	1,03	50,0	0,90	0,95	0,90	0,95	1,0
30	5,5	45,0	50,0	1,00	1,05	48,8	0,98	1,07	48,0	0,90	0,95	0,90	0,95	1,0
31	5,5	45,0	50,0	1,00	1,05	48,8	0,96	1,09	47,0	0,90	0,95	0,90	0,95	1,0
32	5,5	45,0	50,0	1,00	0,91	52,5	1,00	1,05	48,8	0,90	0,95	0,90	0,95	1,0
33	5,5	45,0	50,0	1,00	1,22	45,0	1,00	1,05	48,8	0,90	0,95	0,90	0,95	1,0
34	5,5	45,0	47,0	1,00	1,05	48,8	1,00	1,05	48,8	0,90	0,95	0,90	0,95	1,0
35	5,5	45,0	53,0	1,00	1,05	48,8	1,00	1,05	48,8	0,90	0,95	0,90	0,95	1,0
36	5,5	45,0	48,5	1,00	1,05	48,8	1,00	1,05	48,8	0,90	0,95	0,90	0,95	1,0
37	5,5	45,0	51,5	1,00	1,05	48,8	1,00	1,05	48,8	0,90	0,95	0,90	0,95	1,0

Tabelle 6.1: Fahrzeugvarianten für die Versuche am Fahrsimulator

A3. Vergleich Realfahrer vs. Rundenzeitsimulation

Nachfolgende Abbildung 6.2 bis Abbildung 6.5 zeigen als Erweiterung zu Abschnitt 5.3.2 den Vergleich der Strecken-Fahrzeugkennwerten zwischen Realfahrer und Rundenzeitsimulation für die verschiedenen Fahrzeugvarianten, die am Fahrsimulator erprobt wurden. Im Einzelnen sind die dargestellten Fahrzeugvarianten:

- Variation der Abtriebsverteilung für geringen Abtrieb (Abbildung 6.2)

- Variation der Gewichtsverteilung (Abbildung 6.3)

- Variation der Gripverteilung (Abbildung 6.4)

- Variation der Schräglaufsteifigkeitsverteilung (Abbildung 6.5)

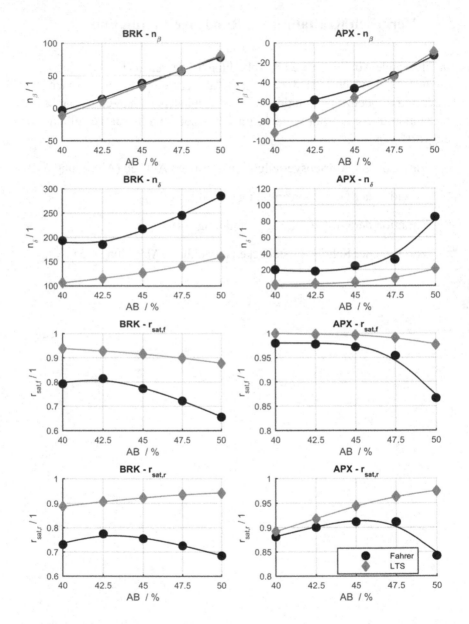

Abbildung 6.2: Vergleich von Strecken-Fahrzeugkennwerten für die Variation von *AB* mit $c_z = 3{,}5$

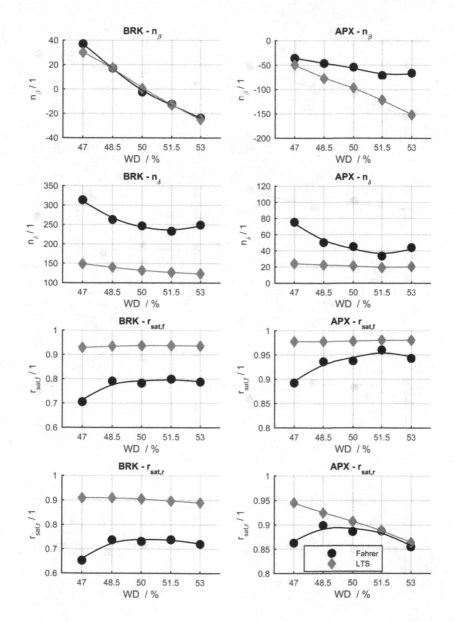

Abbildung 6.3: Vergleich von Strecken-Fahrzeugkennwerten für die Variation von Gewichtsverteilung *WD*

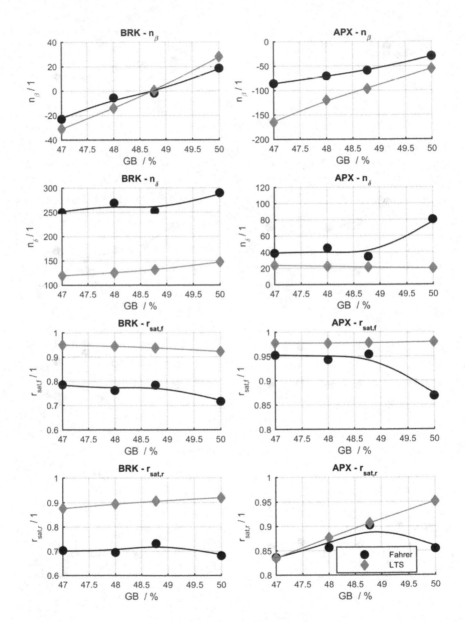

Abbildung 6.4: Vergleich von Strecken-Fahrzeugkennwerten für die Variation von Gripverteilung *GB*

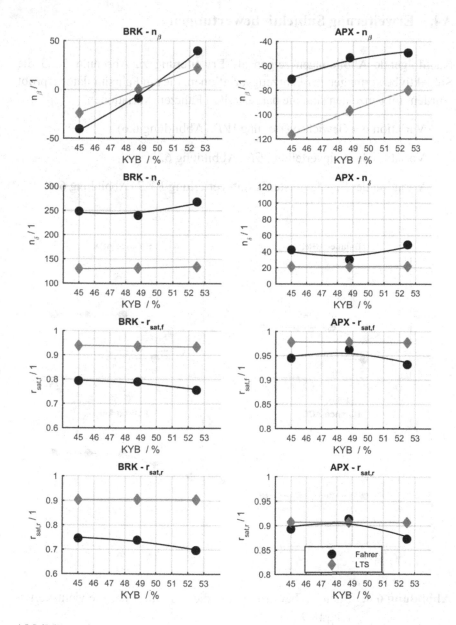

Abbildung 6.5: Vergleich von Strecken-Fahrzeugkennwerten für die Variation von Schräglaufsteifigkeitsverteilung *KYB*

A4. Erweiterung Subjektivbewertungen

Nachfolgende Abbildungen zeigen als Erweiterung zu Abschnitt 5.3.3 die Subjektivbewertungen der Fahrzeugvariationen, die am Fahrsimulator erprobt wurden. Im Einzelnen sind die dargestellten Fahrzeugvariationen:

■ Variation der Gewichtsverteilung *WD* (Abbildung 6.6)

■ Variation der Gripverteilung *GB* (Abbildung 6.7)

■ Variation der Schräglaufsteifigkeitsverteilung *KYB* (Abbildung 6.8)

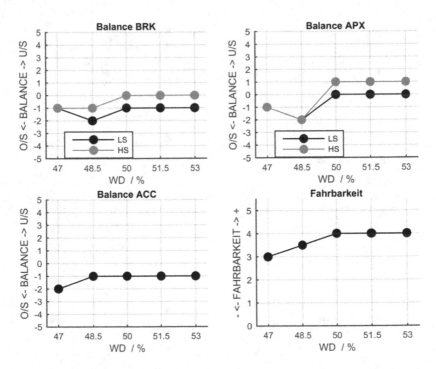

Abbildung 6.6: Subjektivbewertung für die Variation der Gewichtsverteilung *WD*

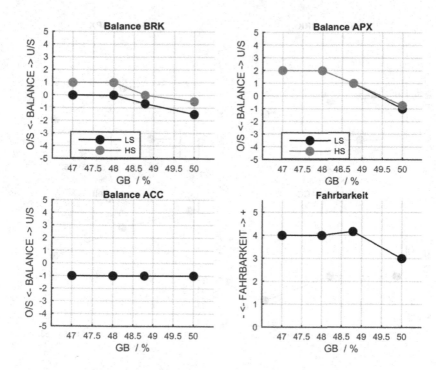

Abbildung 6.7: Subjektivbewertung für die Variation der Gripverteilung *GB*

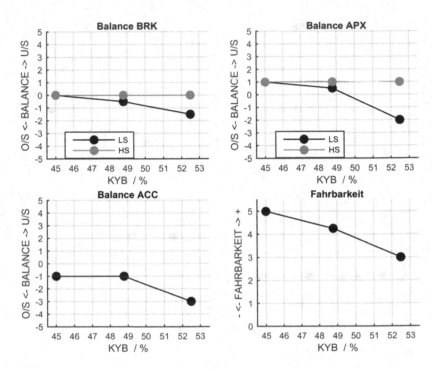

Abbildung 6.8: Subjektivbewertung für die Variation der Schräglaufsteifigkeitsverteilung *KYB*

A5. Erweiterung subjektiv-objektiv Zusammenhänge

Nachfolgende Abbildungen zeigen als Erweiterung zu Abschnitt 5.3.3 die Subjektiv-objektiv-Zusammenhänge der LDF Fahrzeugvariationen, die am Fahrsimulator erprobt wurden:

■ Zusammenhänge im Kurveneingang (Abbildung 6.9)

■ Zusammenhänge in der Kurvenmitte (Abbildung 6.10)

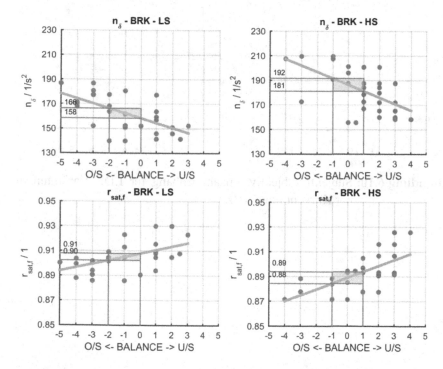

Abbildung 6.9: Subjektiv-objektiv-Zusammenhang für LDF Varianten im Kurveneingang (BRK)

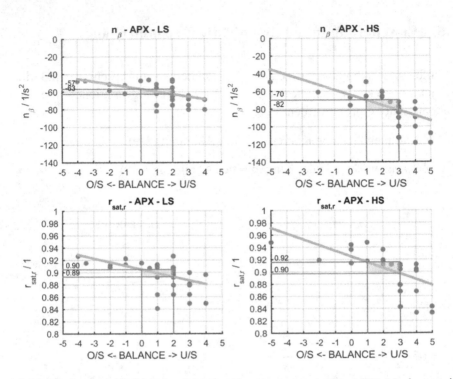

Abbildung 6.10: Subjektiv-objektiv Zusammenhang für LDF Varianten in der Kurvenmitte (APX)

Printed in the United States
by Baker & Taylor Publisher Services

Printed in the United States
by Baker & Taylor Publisher Services